〔日〕小林弘幸 主编

张 骞 郭 帅 主译

告别失眠、焦虑、身体不适

北方联合出版传媒（集团）股份有限公司

辽宁科学技术出版社

沈阳

前言

"最近，总是感觉很累，总缓不过劲来，难受死了……"

"莫名其妙地感觉不舒服，去医院也查不出什么问题……"

如果你也有类似的感觉，请务必阅读本书。因为这些疲劳或不舒服的症状，很可能是自主神经出了问题所致。

而且，如果能够对这种紊乱的自主神经进行调理，则完全有可能打造出一个比实际年龄更健康、更有活力的身体。

我们经常将 自主神经与运动神经相提并论，简单地说，就是"掌控无法由我们的意志来操控的心脏或血液流动等运作的神经"。

从我们出生到这个世界那一刻起，自主神经便按部就班地运行着，一秒钟也没有停歇过。

如此辛勤工作的自主神经由交感神经和副交感神经所组成。

身体健康的人，白天交感神经比较活跃，晚上则变成副交感神经比较活跃，这样就能让我们睡个好觉。

本书开头提到的"总是感觉很累，总缓不过劲来"或"莫名其妙地感觉不舒服"的人，大多是由于每天的生活习惯、饮食习惯、压力等各种各样的因素而导致交感神经与副交感神经发生紊乱，从而出现早上起不来、晚上睡不着等令人困扰的状况。

本书将以插图的形式解释自主神经发生紊乱的原因，以及改善这个问题的方法，并从生活习惯、饮食习惯、心理建设、运动这 4 个维度来介绍调理自主神经的方法，使我们拥有一个健康的体魄和饱满的精神。

　　身心能否比实际年龄年轻，完全取决于自己。

　　让我们一起来享受这个自我塑造的过程。

                                        顺天堂大学医学部教授　小林弘幸

第1章　什么是自主神经？

专栏

当同样的疼痛持续出现时

第2章　调整自主神经的生活习惯

第3章　调整自主神经的饮食习惯

能增加肠道有益菌的最强细菌是什么?

第4章　调整自主神经的心理建设

专栏

感觉呼吸过度时的应对方法

第5章 调节自主神经的运动

第 1 章

什么是
自主神经？

去医院也查不出问题，
身体有莫名其妙的不适感

⚙ 自主神经失调惹的祸

　　"经常心情不好情绪低落""无论做什么都感到很烦""动不动就烦躁易怒"……如果每天都忙得脚打后脑勺，大多会有这种心理上的不适感。此外，恐怕还会有头晕、头痛、心悸、肩周僵硬酸胀、腰痛、手脚冰凉、水肿、失眠等诸多令人备受煎熬的身体不舒服的症状。即使去医院做了详细的检查，也找不到特别的原因，在这种情况下，这些症状常常被笼统地认为是"疲劳所致"。

　　但是，疲劳也分需要处理的疲劳和不需要处理的疲劳。例如，尽情地进行自己喜欢的运动之后所产生的疲劳感是会使人感到愉悦的，可以说是对身体有益的疲劳。另一方面，如果在工作和人际关系方面承受了巨大的压力，即使没有过度地使用身体，身体也会产生沉重的疲劳感。真正的问题是与上述这些不适感相伴而生的疲劳。

　　当有这些不适症状时，我们的身体会出现怎样的变化呢？起关键作用的便是"自主神经"。当我们愤怒、紧张或承受巨大的压力时，自主神经会出现紊乱，也会对身体发出信号，这个信号就是本书开头所提到的那些不适症状。"每天压力山大，身体状况不佳""觉得随着年龄的增长，体力和精力都出现不足"……这些问题很可能是自主神经紊乱所引起的。

巨大的压力是造成自主神经失调的元凶

心理不适 　　　　身体不适

去医院也查不出什么问题的时候，多半是自主神经失调所引起的不适。

身体没什么
问题啊！

那到底是怎么
回事儿呢？

如果不改变生活习惯和饮食习惯，可能会诱发疾病。

压力或生活习惯会导致自主神经越来越紊乱

熬夜

职场压力

疲劳过度

自主神经到底是什么？

在解说"自主神经"的作用之前，让我们先弄清楚什么是"神经"。神经宛如大脑与身体各器官互相传递信息的通道。来自身体内外的所有刺激都是一种讯息，这些信息会通过神经传递到大脑和身体的各个器官，从而产生各种各样的运作和反应。我们所感到的疼痛、在尘土飞扬的地方打喷嚏，这些现象都是讯息通过神经这条通道进行相互传递的证据。

传递讯息的神经主要分为两种：一种是从大脑延伸至脊髓的"中枢神经"，另一种是从中枢神经延伸到全身各个部位的"末梢神经"。末梢神经又分为"躯体神经系统"和"自主神经"。躯体神经系统包括传递感觉的"感觉神经"和控制手脚等肌肉的"运动神经"。自主神经主要掌控着内脏功能运行、血液流动等维持生命的机体功能。

我们无法按照自己的意志随心所欲地去控制自主神经。带动心脏将血液输送到全身、呼吸、消化食物、吸收营养。热的时候出汗、冷的时候打寒战、调节体温，所有这些都是被自主神经所控制的。无论我们是醒着还是睡着，自主神经为了维持身体的功能，会 24 小时不间断地持续工作。

自主神经的定义

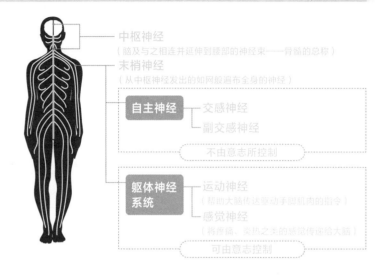

中枢神经
（脑及与之相连并延伸到腰部的神经束——骨髓的总称）

末梢神经
（从中枢神经发出的如网般遍布全身的神经）

自主神经 —— 交感神经
　　　　 —— 副交感神经
　　　　（不由意志所控制）

躯体神经系统 —— 运动神经
　　　　　　（帮助大脑传达驱动手脚肌肉的指令）
　　　　　 —— 感觉神经
　　　　　　（将疼痛、冷热之类的感觉传送给大脑）
　　　　　　（可由意志控制）

自主神经无法由意志控制

24小时
满负荷运转！

即使在睡觉的时候，
自主神经仍在持续工作

自主神经不受我们的意志控制，会一年 365 天、一天 24 小时全天候运转，所以即使在睡觉过程中，我们也能呼吸，体温也能维持在 36℃左右。

心理失调就是生理失调

由自主神经连接起来的心理与生理

我们的身体大约由 37 万亿个细胞所组成，健康则是由每个都能发挥良好功能的细胞来保护的。充足的营养与氧气是这些细胞所需的能量。如果没有充足的营养与氧气，细胞就无法正常运作，最终导致全身的所有器官都会逐渐出现问题。尤其重要的是大脑。营养或氧气不足会使脑细胞的功能衰退，不仅会造成记忆力和判断力下降，内脏和各器官的功能也会变得迟钝。如果肠胃功能衰退，消化和吸收营养的能力就会变差，导致出现腹泻或便秘等问题。此外，皮肤、头发、指甲等的细胞再生速度会减缓甚至停滞，从而对美容方面也会产生不良影响。为了避免出现上述状况，则需将通过饮食与呼吸摄入的营养和氧气，准确地传递给每个细胞，使每个细胞都能得到充足的能量。而负责输送营养和氧气的就是血液。正如前文所述，血液流动是由自主神经所控制的，通过调节自主神经，能够促进血液循环，全身细胞的功能能够被激活。

而且，自主神经与心理状态息息相关。如果因为愤怒或不安而心烦意乱，自主神经的平衡就会被打破，血液循环会变差。于是，身体也会出现各种各样的不适。也就是说，自主神经是连接心理和生理的桥梁。良好的心理状态有助于调节自主神经的平衡，身体也会处于稳定状态。

自主神经是连接大脑与内脏的生命线

自主神经的重要作用，就是连接大脑与内脏，是维持生命的重要器官，说是生命线也不为过。

| 内脏 | 所有身体内器官的总称。包括消化器官等内脏器官。 |

自主神经正常，身心就能保持健康

自主神经控制着流遍全身的血液循环。自主神经正常，意味着血液循环良好，同时也意味着"身体健康"。

状态极佳!!

大脑
大脑功能活跃，头脑清醒。

肠
肠道功能变好，皮肤和头发变得有光泽。也不会便秘。

肝脏
肝脏功能良好，不易感到疲劳。

相反，如果血流不畅，内脏就会出现不适。由此可见，血液循环是非常重要的，它的好坏影响着身体是否健康。

交感神经和副交感神经的作用是什么？

⁘ 是操纵身体的油门和刹车

　　自主神经分为"交感神经"和"副交感神经"。如果把我们的身体比作一辆车，那么，交感神经就是油门，而副交感神经则起到刹车的作用。交感神经占优势时，血管会收缩，心率和血压上升，身心都处于兴奋状态，宛如踩下油门，呈现出一路前冲的态势。副交感神经占优势时，血管会放松，心率和血压下降，兴奋受到抑制，整个人进入放松的状态。

　　如此这般，由于身体具有这两种功能截然相反的神经，它们交替运行着，因此才能在该活动的时候活动，该休息的时候休息，从而实现生物该有的张弛有度的生理节奏。

　　正常情况下，交感神经在白天起主导作用，副交感神经在晚上处于主导作用。但是，由于我们的生活习惯不规律或因为工作和人际关系的压力等各种各样的原因，现代人的自主神经的平衡很容易发生紊乱。如果只有交感神经单方面变得很活跃，全身的血液循环就会变差，身心会一直处于兴奋状态。相反，如果副交感神经一直处于优势状态，人就会失去干劲，容易产生无力感和疲劳感。并非油门和刹车中某一方独占优势，只有两者的平衡保持得当，人体这辆车才能开得畅快。

自主神经分为"交感神经"和"副交感神经"

自主神经

激活身体的
交感神经

放松身体的
副交感神经

- 活动时
- 承受到压力时

- 休息时
- 睡眠时

一天之内，一定会有某一方占优势。

交感神经和副交感神经如果都能维持较高水平是最理想的

当人感到压力时，交感神经就会过度活跃，副交感神经的工作能力则会变差，从而引发各种各样的疾病。相反，如果副交感神经太过活跃，虽然能够提高免疫力，但也会引发过敏等问题。因此，最重要的是要整体地保持两者的平衡。

◆ 活跃副交感神经的方法

听音乐、看电影
〔最好是令人感动的、催人泪下的〕

微笑
〔就算上扬嘴角也无妨〕

深呼吸

泡澡

通过饮食调理肠道

◆ 活跃交感神经的方法

与别人交谈

沐浴着朝阳散步

运动

自主神经失调所导致的身体不适的类型

：☼： 可能会发展成严重的疾病

宛如"油门"的交感神经与如同"刹车"的副交感神经均能很好地发挥作用的状态，即为"自主神经协调状态"。另一方面，如果两者不能正常发挥功能，则是"自主神经失调状态"。自主神经失调会给身心带来各种不适的症状，其中最主要的原因就是血液循环的不畅。交感神经过度兴奋会引起血管收缩，造成血液流通不畅。进而，如果副交感神经的功能低下，血流就得不到改善，甚至会导致大脑和内脏受损。

身体的不适症状，包括倦怠、容易疲劳、血液循环不畅所引起的头痛、肩膀僵硬酸痛，内脏功能低下造成的便秘、腹泻、皮肤粗糙等。免疫力下降后，就很容易感冒或得传染病。长期持续的血管收缩会导致高血压，血液变得黏稠，血管内皮会受伤，进而会引发动脉硬化，甚至由此而产生血栓，有可能导致脑梗死、心肌梗死等危及生命的重大疾病。

精神萎靡不佳会使人容易变得烦躁不安、意志消沉，也会出现失眠和嗜睡等睡眠异常症状。

绝对不能简单地认为"这些症状没什么大不了"。自主神经失调可能会发展成可怕的疾病。

自主神经失调会给心理与生理造成重大伤害

交感神经和副交感神经无论哪一方过度活跃，都会使心理与生理出现失调。尤其是现代人，更容易发生交感神经过度占优的情况，这样会导致免疫力和体力的下降，是引发各种疾病的主要原因。

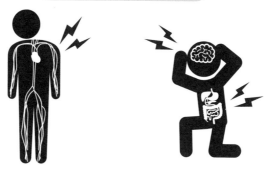

如果自主神经失调

血管收缩，血流不畅，
血液变得黏稠

大脑和内脏受损

精神上的不适症状

- 焦虑不安
- 意志消沉
- 失眠
- 烦躁
- 注意力不集中
- 情绪不稳定

身体上的不适症状

- 头痛
- 心悸
- 气短
- 头晕眼花
- 呼吸困难
- 手脚麻木

- 易疲劳
- 手脚冰凉
- 倦怠
- 便秘
- 肩膀酸胀

若无烦恼，莫名的腰痛也有可能会自愈

很多人都有过腰痛的感觉。大家是否有过这样的经历：虽没拿什么特别重的东西，也没有做过会加重腰部负担的事情，却觉得腰痛。比如，去医院也查不出原因的慢性腰痛，这种腰痛很可能是自主神经引起的。

如果总是觉得心情烦躁、紧张，一直在承受压力，交感神经就会处于亢奋状态，从而引发血管收缩，造成血流不畅。一般情况下，从傍晚到凌晨，人体会逐渐放松，副交感神经也会在这个时候占据主导地位，但如果一直处于紧张状态，交感神经就会长时间保持高度紧张，导致血管收缩，血流不畅。长期如此，可能会出现某种疼痛。不只是腰痛，有的人还会出现头痛、肩膀酸痛、全身无力等各种不舒服的症状。

如果出现原因不明的疼痛，请思考一下，自己是否承受了太多的压力或心里有太多的心事，如果有，首先要休息一下，使自己放松下来。睡前可稍做伸展运动，或悠闲地泡个澡，让自己的生活变得有规律，同时保证充足的睡眠也很重要。如果只是暂时性的自主神经紊乱，通过上述这些的应对方法是应该能够得到改善的。自主神经被活跃之后，血液循环就会变好，脑组织获得充分的营养和血供。自然就能冷静地对事情做出判断，也能积极乐观地面对压力与烦恼。

莫名的疼痛可能源于压力引起的血液循环不畅

烦躁、压力
与紧张

交感神经紧张，
血管持续处于
收缩状态

长期血流不畅
而引发疼痛

如果出现原因不明的疼痛

一旦出现腰痛、头痛、
肩膀酸痛之类的疼痛。

要试着回想一下，
自己有没有压力或
心事。

如果是压力和心事等引
起的疼痛，放松一下就
会好转。

"自主神经失调"与"抑郁症"的明显差异

∴ 自主神经失调是身体不适

因头晕目眩、倦怠、肩膀酸痛、腰痛、头痛、心悸等症状而去就诊时，可能被诊断为"自主神经失调症"。不过，这并不是正式的病名，而是指因为自主神经失调而产生的"症状"，通常在有这些症状，而身体却没有发现特别异常的情况下使用该说法。

对于女性来说，这种自主神经失调，很多是分娩后出现激素紊乱所引起的。有时候或许因为某种状况或家庭原因而很难去求医问诊，但如果产后感觉身体不舒服，不要忍着，应尽快找专业医生咨询，这样身心都会轻松很多。

是否是自主神经失调症，只要在专科门诊检查一下就能迅速做出诊断。有很多患者在得知身体没有异常后，虽会觉得难以置信，但心情得以放松，这些不舒服的症状也就不治而愈了。然而，抑郁症则是由于脑内神经递质分泌异常而引发的心理"疾病"，表现为精神能量显著下降的状态。大多是由于压力、过度劳累等引起的自主神经紊乱而发病，但也可能涉及其他多种复杂因素，因而不能一概而论。

抑郁症并不是一种罕见的疾病。如果情绪一直很低落，身体不能随心所欲地行动，或觉得活着很痛苦，那么，不要犹豫，最好立刻去心理诊所接受治疗。

自主神经失调是身体不适，抑郁症则是心理疾病

自主神经失调

身心都没有生病

身体的主要症状

- 头晕眼花 　　· 手脚冰凉
- 腰痛　　　　· 心悸　　　· 失眠
- 头痛　　　　· 倦怠

抑郁症

心理疾病

身体的主要症状

- 对什么都兴趣索然
- 强烈的不安感和绝望感
- 自责　　· 有轻生的念头
- 此外，还容易出现自主神经
  失调时的症状

女性产后因压力或荷尔蒙失调也容易导致自主神经紊乱

产后，生活环境突然发生变化，或者育儿带来的过度劳累、睡眠不足，人会感受到巨大的压力，再加上分娩后出现的激素紊乱，都容易导致自主神经失调。

这些烦恼也有可能是导火索

- 没有奶水　　· 婆媳关系
- 丈夫不理解带孩子有多辛苦

不要一个人烦恼，找身边的人谈一谈

自主神经失调开始的年龄

∴ **自主神经功能在男性 30 多岁、女性 40 多岁以后开始下降**

引起自主神经失调的不仅仅是压力或不规律的生活习惯。年龄的增长也会对自主神经的功能产生很大的影响。在 10 ~ 20 岁的年轻时期，由于副交感神经的功能较活跃，所以即使有些劳累或熬夜，只要休息一晚，就能消除疲劳。但是根据我们的数据，男性在 30 多岁，女性在 40 多岁的时候，副交感神经的功能开始急剧衰退，呈现出倾向于交感神经占优势的状态。

如前文所述，如果交感神经占据主导地位，血液循环就会变差，全身功能也会下降。男性大约从 30 岁中期开始，神经和肌肉就很难得到充分的营养供给，体力和肌肉力量也开始出现明显衰退。事实上，男性顶尖运动员的退役也都集中在这个年龄段。很明显，副交感神经的衰退对身体功能产生了影响。女性则是在 40 岁以后，身心开始出现各种不适的症状。上火、眼花、心悸、烦躁等更年期特有的症状，均是由于荷尔蒙平衡在这个时期发生了很大变化所致。

随着年龄的增长，注意力和判断力会衰退，即使休息也无法消除疲劳，这些状况均与自主神经有着密切的关系。随着年龄的增长，自主神经势必会逐渐失调，所以有必要尽早采取对策。

自主神经的功能在男性 30 多岁、女性 40 多岁以后开始下降

目前已知的是，随着年龄的增长，交感神经的功能虽然不会出现明显的衰弱，但副交感神经的功能会急剧下降，并且男女出现下降时的年龄也不一样。男性从 30 多岁开始出现，女性则是从 40 多岁开始。当然每个人的情况不尽相同，但大多都是从这个年龄开始出现血液循环变差、肌肉和大脑的运转也变得迟钝的现象。另外，容易疲劳的现象也愈发明显。

男性 30 多岁以后　　　女性 40 多岁以后

年轻的时候，副交感神经的作用很强

后悔……

第二天

男性从30多岁开始
女性从40多岁开始

男女到了这个年龄以后，副交感神经的功能会急速衰退，如果和年轻时一样熬夜，那么，第二天就会很疲倦，一整天都歇不过乏来。

昨天
很开心！

第二天

10 ～ 20 岁

年轻人之所以有如此惊人的恢复力，都是因为副交感神经发挥了强大的作用。即使自主神经多少有些失调，但副交感神经能够立即予以恢复。

为什么你看起来比实际年龄老？

：∴： 自主神经协调后就能重返青春？

你是不是觉得自己比过去更容易疲劳，或是生活方式和习惯虽然没变，但皮肤却变得粗糙，以及从前那些根本不会在意的琐事，现在却会令自己觉得很烦躁？有人认为这样的状态是"年龄"所致的。但是，另一方面，有很多年龄和自己相仿的人，看起来却很年轻，过得健康又充满活力。

两者的差异与自主神经有很大的关系。自主神经协调后，肠胃的状况会变好，由于肠胃能充分吸收营养，血液质量会上升，皮肤和头发也会变得有光泽。那些未来得及吸收的营养物质也不会作为脂肪囤积下来。也就是说，自主神经协调的人，无论是外表还是体质，都会比实际年龄显得年轻。

数据显示，男性在 30 岁以后，女性在 40 岁以后，自主神经的总能量每 10 年下降 15%。年轻的时候，即使自主神经多少有些紊乱，副交感神经也会使自主神经恢复到正常状态，但随着年龄的增长，副交感神经的功能会下降，所以很难恢复正常。因此，随着年龄的增长，就有必要努力去调整容易发生紊乱的自主神经，使其保持协调。具体来说，就是要提升开始衰退的副交感神经的活力。这样，不仅可以防止因免疫力低下而引发的疾病，还能够有效延缓衰老。

如果自主神经协调，就会看起来比实际年龄年轻

如果自主神经协调，优质的血液就会流到身体的各个角落，就能保持良好的身体健康状态，外表看起来也很年轻，内心也能很开朗活泼。

真好，
太令人羡慕了

觉得最近胖了或身体不舒服的人，不妨试着好好调整一下自主神经。即使步入中年，也要活得更年轻、更健康。

自主神经调节后会重返青春的理由

交感神经活跃时，血管收缩；副交感神经活跃时，血管扩张。如果两者均衡产生作用，血管会不断地收缩和扩张，使血液到达身体的各个角落，营养物质也能顺畅地被输送至包括大脑在内的身体各个部位，所以无论身体还是精神都能保持年轻。

交感神经
活跃时的
血管状态

收缩

扩张

副交感神经
活跃时的
血管状态

交感神经和副交感神经各自发挥作用时，
血液循环变得顺畅

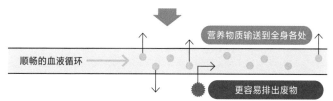

营养物质输送到全身各处

顺畅的血液循环

更容易排出废物

调节自主神经的最佳方法

激活自主神经的 3 个基础

在本章的开头曾提到"我们无法按照自己的意志随心所欲地去控制自主神经"。但是，虽然我们无法直接控制自主神经，却可以调整自主神经的平衡。

因此，首先需要大家重新审视的是生活习惯。规律的生活节奏能使自主神经的功能变得协调。睡眠不足或熬夜会导致交感神经过度兴奋，所以要绝对禁止。另外，还要注意饮食习惯。吃饭的时间不规律、营养不均衡，都会造成自主神经失衡。

运动也有助于调节自主神经平衡。当交感神经因紧张、愤怒而高涨时，只需做伸展体操等轻微运动，就能促进血液循环，有效缓解肩膀酸痛等不适问题。相反，在意志消沉没有干劲的时候，不妨挺直腰背，大幅度地挥手快步走，以此来适度地提高交感神经的活性，心情也会变得积极乐观起来。此外，心理调节也很重要。压力过大固然不好，但完全没有压力的状态也会导致自主神经紊乱。不妨试着与适度的压力好好相处，积极利用，将压力变成动力，使自主神经稳定下来。

良好的生活习惯、适当的运动、心理调节。这些都是我们保持健康不可或缺的基础。重新审视这三大基础，有助于调整自主神经的平衡。

有效调理自主神经的 3 种方法

心脏的跳动、加速血液循环……这些工作都是由自主神经来负责的，是不能按照自己的意志来控制的，但是为了不破坏自主神经的平衡，间接地进行预防还是可以做到的。

有效预防自主神经失调的方法有 3 种，分别是有规律的生活习惯、适度的运动和心理调节。

❶ 有规律的生活习惯

只要注意保持有规律的生活习惯与营养平衡的饮食，自主神经就能够得到调整。首先，要从早起、吃早餐开始。熬夜、过度饮酒、吸烟都是大忌（参考第 2、3章）。

❷ 适度的运动

散步、伸展体操等可以边深呼吸边做的轻松运动，对调整自主神经也很有效果。需要注意的是，跑步等剧烈运动反而会使交感神经过度兴奋（参考 p.116）。

❸ 心理调节

巨大的压力会使交感神经过度兴奋，自主神经也会因此而出现紊乱。但是，令人遗憾的是，没有压力的生活是不存在的，我们只能学会如何巧妙地与压力相处（参考第 4 章）。

你是哪一种？
自主神经的 4 种类型

交感神经和副交感神经的平衡因人而异。并不一定是其中哪一方占优势，有些人两方面都可能会发挥较高的作用，有些人则两方面所发挥的作用均低。具体分为以下 4 种类型。

① 交感神经和副交感神经都很兴奋

交感神经的作用能使人具有高度的集中力与适度的紧张感，同时，副交感神经作用则能使人保持沉着和放松的状态。可以说该类型是身心俱佳的状态。

② 交感神经兴奋，副交感神经低迷

长期承受压力的人大多属于这种类型。交感神经过于高涨，会使人感到紧张和兴奋，但此时由于副交感神经的 "刹车" 作用也失灵，所以人容易感到焦虑或烦躁。在这种状态下，血液循环会变得不畅，对健康状态也会产生不良影响。

③ 交感神经低迷，副交感神经兴奋

这种状态就像开车时不踩油门，人的干劲和集中力便无法发挥。而刹车的力度又太大，容易使人陷入困倦、倦怠、抑郁的状态。

④ 交感神经和副交感神经都很低迷

这是自主神经失去有效作用的状态，活动本身会变得困难。

交感神经和副交感神经若能像①的类型那样，保持 "1：1" 的平衡是最理想的。若是像②或③那样，出现超过 "1：1.5" 的比例的差距时，身心就容易出现不适。

自主神经的类型分为 4 种

③ 交感神经低迷，副交感神经兴奋

身体倦怠，经常处于困倦的状态

① 交感神经与副交感神经都很兴奋

身心俱佳的状态

④ 交感神经和副交感神经都很低迷

经常处于疲乏无力的状态

② 交感神经兴奋，副交感神经低迷

坐立不安、烦躁的状态

高

低　交感神经　交感神经　高

副交感神经

副交感神经

低

如果交感神经、副交感神经都非常低迷，就有患病风险

② 交感神经兴奋、副交感神经低迷的类型，是现代人最常见的情形。因为我们总是承受很大的压力。长期的烦躁不安，会导致血流不畅、免疫力下降，罹患传染病或其他各种疾病的风险会升高。

③ 交感神经低迷、副交感神经兴奋的类型，由于副交感神经过于高涨，不仅容易出现过敏症状，也有出现抑郁的风险。

④ 交感神经和副交感神经都很低迷的类型。这种状态下，人没有干劲或锐气，失去进取心，总是处于萎靡、疲乏无力的状态。

尝试自行检查自主神经的状态

很多现代人常常会有"早上起不来""做什么都容易疲劳，烦躁不安""经常感冒，还不容易好""干什么都提不起劲"等各种各样的烦恼。但是，去医院检查时，却什么都查不出来。这些不适大多是因为自主神经失调。自主神经对身体有着重要的作用，一旦失调，会给身心带来很大的影响。

因自主神经失调而引起的不适因人而异，但我们可以通过自行检查来判断自主神经是否失调。

下页的检查表列出了 16 项自主神经失调引发的常见症状。勾选觉得与自己相符的项目。在这种自觉症状中，哪怕只有一项符合，如果这种状态是慢性持续的，就很有可能是自主神经失调。这种慢性、持续性自主神经失调被称为"自主神经失调症"。

\ 可自行检查 /
自主神经自查表

在下列 16 个项目中，哪一项与您相符？

- [ ] 容易累
- [ ] 提不起劲
- [ ] 经常感冒
- [ ] 水肿
- [ ] 头痛
- [ ] 总是不安
- [ ] 容易分心
- [ ] 容易无缘无故地烦躁
- [ ] 手脚冰凉
- [ ] 肩膀酸痛
- [ ] 容易感到紧张与压力
- [ ] 腰痛
- [ ] 怎么睡也消除不了疲劳
- [ ] 觉得自己的思考力和决断力下降
- [ ] 肚子不舒服，有便秘或腹泻的症状
- [ ] 皮肤粗糙，头发干枯

只要有一项符合，就有可能是自主神经失调。另外，勾选的项目越多，自主神经失调的程度越高。

当同样的疼痛持续出现时

想必大家都有过这样的经历吧。根本不需要去医院治疗的疼痛或咳嗽，2 ~ 3 天之后，就像什么事都没发生过似的痊愈了。但是，如果这种小疼痛持续了好几天，就应该去医院接受检查。因为有时一开始是小疼痛，后来也有可能变成大病，甚至还有可能变成重病。是否该去医院的判断标准是"2 周"。如果疼痛超过 2 周，就应该去医院。因为自主神经失调引发的疼痛不会持续 2 周以上。

标准是超过2周

第2章

调整自主神经的生活习惯

网络搜索"疾病"会催生新的"疾病"

☼ 什么是"无病生病"的"网络疑病症"

相信每个人都曾经因为身体不舒服而上网搜索相关的病症。是不是有过起初是抱着随便查查的轻松心态去搜索的，可当看到说可能是意想不到的重疾时而感到惴惴不安？

例如，腰部感到不舒服，以"腰部不适"为关键词进行搜索之后，如果发现和"癌症"等疾病的症状一致。一种不必要的担心便会一下子涌上心头，满脑子都是自己患上了这种疾病。这种被充斥在网络或电视上的各种信息所迷惑而患上心理疾病的现象，被称为"网络疑病症"。严重时，会确信自己有病，甚至身体真的会出现莫名的疼痛症状。

来医院就诊的患者当中，真正有病的大概只有一成，剩下的九成患者几乎都是正常的，只是身体不舒服而已。与其搜索病情而患上心病，还不如马上去医院，这才是明智的选择。如果真的生病了，还可以在早期开始进行治疗；若不是，则可放下心来。

要不要去医院看病，判断标准是身体持续不舒服是否超过2周。如果只是短期的不舒服，大部分都可以通过高质量的睡眠、好好泡澡、做伸展体操等本书所介绍的自主神经调整法来进行改善。

若觉得身体不适，不要上网搜索

在互联网信息中，往往会出现一些本不需要知道的疾病名称。

一旦怀疑自己生病，就会越来越担忧，还会加快搜索速度。

身体是否不适要以 2 周为判断标准

没生病的话……

就算真的生病了……

自主神经的节律随时间变化

:·: 通过有规律的生活来调整生物钟

到了早晨会醒来，到了晚上会犯困，这种的生理节律是由我们体内的"生物钟"所管理的。生物钟还与自主神经的节奏密切相关。白天，交感神经占优势，到了晚上，切换到副交感神经占优势，这是自主神经的正常节律。由于它与生物钟息息相关，就能在白天需要活跃的时候踩油门，而在晚上则为了休息而踩刹车。

但是，熬夜、睡懒觉、不按时吃饭等，长期过着这种不规律的生活，自主神经的节奏也会被打乱。交感神经与副交感神经就无法实现顺利的切换，从而，就会出现早晨起不来、深夜也睡不着的不适症状。而且，人的生理时钟的周期为一天 25 个小时，和地球的自转周期的一天 24 个小时有些许的偏差。一般情况下，我们的身体一边修正这种偏差，一边保持正常的生理节律，但是，如果长期持续不规律地生活，生物钟的偏差就会变大，陷入自主神经越来越紊乱的恶性循环。

为了在交感神经活跃的早晨清醒，在副交感神经达到高峰的深夜能够睡得更香，保持规律的生活节奏，可以说是调整自主神经的基本方法。

理想的自主神经节奏与紊乱的自主神经节奏

理想的自主神经节奏

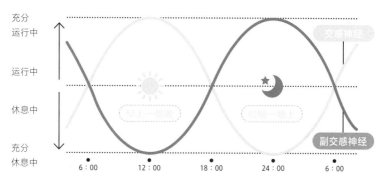

理想的自主神经节奏是，白天交感神经充分运行，夜间则是副交感神经正常工作的状态。"充分运行中"这一点很重要，若运行不彻底，会导致自主神经紊乱。

紊乱的自主神经节奏

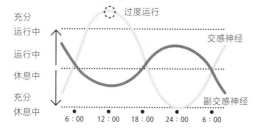

失衡型

交感神经在白天运行过度，会导致自主神经失调。而副交感神经过度运行也会导致同样的状况。

总体功能不足型

是最近经常出现的自主神经功能整体较弱的类型。会出现没精打采、干劲下降的症状。

早晨生活
——调整自主神经的最佳方式

　　若要使自主神经一整天都能保持稳定,早晨的生活方式非常重要。在深夜迎来高峰的副交感神经,随着凌晨的到来会逐渐变得平静,优势向交感神经转移。但是,如果早晨过得匆忙慌乱,副交感神经就会骤然变得安静,自主神经也会因此而失调,我们会一整天处于紧张与兴奋的状态。为了避免这种情况的发生,早晨的生活有几个需要注意的事项。

　　首先,为避免手忙脚乱,要提前 30 分钟起床。这样,做起事情来便会不慌不忙,自主神经就不容易出现紊乱。还能避免遗忘物品或迟到,可谓一举两得。

　　其次,醒来后不要突然起身,先躺在床上做一些拉伸运动,以此来促进血液循环,让全身慢慢地醒来。

　　下床后,拉开窗帘,去沐浴朝阳。阳光是副交感神经和交感神经的切换开关。

　　最后是一定要吃早餐。吃早餐后,肠道就会动起来,肠道的蠕动与副交感神经直接相连,能使自主神经稳定下来。当然,晚上早点儿上床睡觉,保证充足的睡眠也很重要。让我们一起调整自主神经的平衡,以愉快的心情开始新的一天吧。

理想的早晨生活方式

快到时间才手忙脚乱地起床，副交感神经会一下子变得安静，会导致人一整天都处于兴奋和紧张的状态，可以说仅此一点就会毁了一天。我们要比平时早起 30 分钟，以此来调整一天的节奏。

❶ 比平时早起 30 分钟
➡这 30 分钟能让你的心情变得更加平静从容。

❷ 醒来后，在被窝里做拉伸运动
➡这有助于使自主神经从睡眠模式切换到起床模式。

❸ 沐浴晨光
➡清晨的阳光能够帮助我们重置生物钟，调整自主神经。

❹ 喝一杯水
➡详细介绍见 p.34。

❺ 慢慢地吃早餐
➡详细介绍见 p.58。

※❶~❺及其他所有的行动都要放慢节奏。

> 特别是③和①是最有助于重置生物钟，调整自主神经的方法!

早晨不同的生活方式会产生如下巨大差异

悠闲从容的早晨……

手忙脚乱的早晨……

如果早晨悠闲从容，自主神经就会比较稳定，交感神经在白天就会运转良好，一整天都会充满能量、状态良好。晚上副交感神经会充分运转，能睡个好觉。

如果在慌乱、焦急的心情中开始新的一天，交感神经会一直处于亢奋的状态，副交感神经的活性也会急速下降。此时呼吸会变得急促，一整天会烦躁不安。晚上很难入睡。

早上起床后喝一杯水

早上起床后，有一个需要大家务必养成的习惯，那就是先喝一杯水。

我们身体的 60% 是水。生命之源的水，对自主神经也有很大的影响。在紧张或慌乱的时候喝点水，可以让你的情绪平静下来、恢复冷静。这是因为水会刺激肠道，提升副交感神经的活力，从而调整自主神经的平衡。而且还能调整生物钟的节奏，有助于稳定自主神经。

早上喝水还有很多好处。喝水能打开睡觉时关闭的肠胃开关，使肠胃做好接受食物的准备。水还能促进肠道蠕动，有效改善便秘。另外，如果身体长期处于水分不足的状态，血管会受到损伤，血液也会变得黏稠。如果早上不补充因夜间睡眠而无法摄取到的水分，早上会呈现出较为严重的脱水状态，因此迅速补充水分是不可缺少的。

喝水的要点是：先稍微漱一下口，将睡觉时口腔内繁殖的各种细菌漱掉，然后再喝一杯对肠胃刺激较小的常温水。从早上的第一杯水开始，一天要补充 1 ~ 2 升的水。

喝水可提升副交感神经的功能

你是否有过这样的经历,在焦虑或恐慌的时候喝杯水就能平静下来? "喝水" 这一行为具有调节自主神经的效果。有数据显示,越是经常补充水分的人,越能使副交感神经保持较高的活力。

喝水 ➡ 肠胃神经得到适当刺激 ➡ 副交感神经功能增强 ➡ 自主神经得到调整

想象也很重要

想象这杯水能激发肠胃活力,同时让新鲜的血液流遍身体的各个角落。

记得养成外出时也随身携带水,每天补充 1 ~ 2 升水的习惯。

早起喝杯水,是一天中最重要的事

早上起床后,在晨光下喝杯水,是平稳唤醒肠胃,将自主神经开关切换到开启状态的最佳方法。上厕所也能变得顺畅。

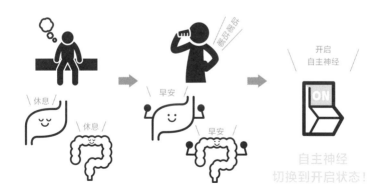

吸烟会对自主神经产生不良影响

会导致血液循环不畅以及尼古丁上瘾

"心情烦躁的时候抽根烟能让人神清气爽""抽烟能深呼吸，令人冷静下来"等，吸烟者总想通过抽烟来缓解压力，但真的有这种可能吗？答案当然是否定的。

香烟中的尼古丁会过度刺激交感神经，使心跳加快、血压升高，甚至会造成血管收缩。结果，血液循环不畅，血液变得黏稠，导致内脏功能降低，从而引发生活习惯病。交感神经过度占据主导地位，当然也会对自主神经的平衡产生不良影响。

那么，为什么吸烟能缓解烦躁情绪呢？这与尼古丁依赖成瘾症有关。长期吸烟，大脑会对尼古丁产生依赖，尼古丁耗尽后，大脑就会对尼古丁产生渴求，心情会开始焦躁不安。这个时候如果抽根烟，大脑就会得到满足，人会产生似乎压力被消除了一样的感觉。也就是说，并不是香烟缓解了压力，相反，恰恰是因为尼古丁的缺失而感到压力。吸烟绝对不能消除日常生活中的压力。目前已经证实的是，吸烟与包括肺癌在内的诸多癌症具有因果关系，所以可谓有百害而无一利。即使仅是偶尔吸烟也有可能会上瘾，所以一定不要吸烟。

香烟会从各个方面扰乱自主神经

不抽烟的时候 | 抽烟的时候

反复
（尼古丁中毒）

真想赶快抽根烟 | 烦躁不安！

保持清醒！ | 专注力提高！

对"尼古丁"上瘾之后，如果体内缺少尼古丁，就会引起"尼古丁断裂"，会强烈地渴求尼古丁，心情会变得烦躁、焦虑，出现注意力无法集中的状况。

摄入"尼古丁"之后，大脑会释放多巴胺，心情会不再烦躁，头脑也会变得清醒。然而，这仅仅是暂时过瘾而已，绝不会持续很长时间。

自主神经会持续受到尼古丁或其他化学物质的干扰

戒烟也会给人带来压力

一般来说，戒烟需要一个月以上的时间。不合理地勉强戒烟会带来过度的压力，扰乱自主神经。如果想戒烟，可尝试去戒烟门诊，或选择其他合理的、不勉强的戒烟方法。

吸烟会使罹患肺癌或其他各种疾病的风险上升。

深度睡眠的最佳习惯

若要调理自主神经，就必须提高睡眠质量。为此，以能使副交感神经充分发挥作用的"放松型睡眠"为目标是非常重要的。如果每晚都处于熬夜或睡得很浅的状态，就会变成交感神经占优势的"紧张型睡眠"，这样一来，无论怎么睡都睡不饱，身心都无法得到放松。另一方面，如果能够放松地入睡，前一天的疲劳就能得到充分缓解，早上也能够精神饱满地醒来。为了确保这种放松型睡眠，建议大家将睡前的生活习惯规律化。

首先，晚餐最好在晚上 8 点之前完成。如果饭后没过多久就睡觉，内脏得不到休息，睡眠会变浅。洗澡时，最好在 39 ～ 40℃的温热水中泡 15 分钟左右，这样可以使副交感神经变得活跃，从而提高睡眠质量。不过，洗澡水不能太热，也不要只是淋浴了事。

吃完晚饭或洗澡后要有意识地放松心情，以免刺激交感神经。临睡前喝酒会使睡眠变浅，所以要喝酒的话，最好早一点儿喝，而且要点到为止。

就寝前 30 分钟就不要再玩手机了，在身心放松的状态下上床睡觉，就不会再出现"睡不着"的情况了。每天在相对较为固定的时间睡觉与起床，这种有规律的生活可以提高睡眠质量，自主神经也会得到改善。

睡眠分为"紧张型睡眠"与"放松型睡眠"

即使短时间睡眠也能畅快起床的"放松型睡眠"与长时间睡眠也不能完全消除疲劳的"紧张型睡眠",在睡眠过程中有以下区别。

紧张型睡眠

- 睡觉时,身体仍处于紧张、兴奋状态。
- 睡觉时,大脑和内脏也都在兴奋工作着。

放松型睡眠

- 身心都很放松,可以悠闲地睡觉。
- 大脑和内脏的活动受到抑制。

睡前的某种行为可能会对睡眠产生干扰

维持自主神经稳定的重要方法是高质量的睡眠,即"放松型睡眠",下面分别是有助于放松睡眠的睡前行为,以及容易陷入紧张型睡眠的睡前行为。

提高副交感神经 能够促进 "放松型睡眠"的行为	提高交感神经 容易导致 "紧张型睡眠"的行为
在39～40℃的洗澡水里泡15分钟	睡觉前玩手机或看电视
睡觉前,动作舒缓	夜晚的照明也像白天一样明亮
吃完晚饭后,过3小时再睡	吃完就睡
晚上12点之前睡觉	泡42℃以上的热水澡
	睡觉前喝酒

薰衣草的香薰是超级好用的助眠伙伴

☼ 香薰与白天的运动能提升睡眠质量

除此之外，还有很多方法可以帮助你获得高质量的轻松型睡眠。

第一种方法是运动。运动具有调节自主神经的作用（后文会详细介绍），还具有合成"血清素"这种神经递质的作用，血清素是制造调整睡眠节奏的激素"褪黑素"的原料。在阳光下进行适当的运动能够促进血清素的合成，所以建议大家在白天通过散步等方式来积极活动身体。

第二种方法是消除不安的情绪。虽然我们不可能消除所有的不安，但至少也要在前一天晚上先做好准备，这样在第二天早上就不会手忙脚乱了。例如，只需选好要穿的衣服，准备好随身物品，就能大幅减少不安，有助于进入深度睡眠。

第三种方法是利用"香薰"来放松。在各种香气中，最具放松效果的是薰衣草的香气。晚上，在吃完晚饭与泡完澡之后的放松时间里，可喝杯薰衣草茶，或者采用薰衣草精油的芳香疗法，通过香气来使身心放松下来。睡觉的时候，在枕边放一块滴有一滴薰衣草精油的手帕，也具有非常不错的效果。此外，甘菊、鼠尾草、檀香等的香气也具有放松的效果，大家可以根据个人的喜好来选择使用。让我们利用香气的力量，营造能够舒适入睡的睡眠环境吧。

能够进一步提高睡眠质量的 3 个诀窍

1 白天步行 15 ～ 30 分钟

睡觉时，需要一种名为"褪黑素"的激素。制造褪黑素则需要"血清素"这种神经递质。所以在早上散步，或上班的时候多走些路，让体内多储存一些"血清素"。

2 减少不安因素

钻进被窝后，如果脑子里依然萦绕着许多烦恼或操心事，交感神经就会变得兴奋，因而会导致失眠。聪明的方法是事先消除这些烦恼。例如，准备好第二天要穿的衣服，或者如果第二天必须早起，就设定多个闹钟来保证准时起床等，总之，努力给自己打造一个安心的环境。

3 营造良好的睡眠环境

在平时就要了解一些能让自己放松的方法，营造良好的睡眠环境。

立竿见影！能迅速调整自主神经的"1：2呼吸法"

∴ 有意识地保持深呼吸与上仰的姿势

其实，我们平时无意中进行的"呼吸"，也会对自主神经产生很大的影响。当我们感受到压力的时候，交感神经会高涨起来，呼吸会在无意间变浅。另一方面，深而缓慢的呼吸则具有提高副交感神经功能的效果，此时，血管扩张，血压下降，全身的血液循环得到改善，身心处于放松的状态。也就是说，若要调整自主神经，有意识地进行深呼吸是很重要的。

因此，平时我们要实践的"1：2呼吸法"是，按"吸1、呼2"的比例进行呼吸。先用鼻子吸气3～4秒，再用6～8秒从嘴巴呼气。我们的实验结果显示，每天进行一次这种呼吸法，每次3分钟，自主神经的状态就会慢慢得到调整。在感到焦虑、烦躁或承受压力的时候，采用这种呼吸法，呼吸就会立刻变得又深又长，身心也会放松下来。

深呼吸时，身体姿势也很重要。驼背或上身前倾的姿势会压迫气管，使气道变窄，导致呼吸变浅。长时间的伏案工作或摆弄手机也是如此。因此，若要进行深呼吸，平时就要挺直腰背，有意识地抬头上仰。即使再忙，在休息时也要打开窗户，一边仰望天空，一边深呼吸，哪怕是时间很短，也要挺直腰板走路等，要想办法来调整自主神经。

能使副交感神经活跃的 1：2 呼吸法

"呼吸"对自主神经有着很大影响。有意识地进行舒缓的深呼吸，能够调整自主神经的平衡，可以激活副交感神经，肠内环境与血液循环也会随之产生变化。能使副交感神经活性化的最有效的呼吸法就是"吸 1、呼 2"呼吸法，即"1：2 呼吸法"。建议大家在工作的间隙或心情烦躁的时候有意识地去实践一下。

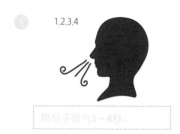

1,2,3,4

1,2,3,4

5,6,7,8

用鼻子吸气 3～4 秒。

嘟起嘴巴，用 6～8 秒呼气尽可能缓缓悠长地呼出气息

1 天 1 次，每次 3 分钟

这种时候用 1：2 呼吸法也很有效果

在感受到压力或觉得烦躁的时候，我们的呼吸会变得又浅又快。此时，可有意识地多做几次 1：2 呼吸法，心情会因此而平静下来，头脑也会变得清晰。有时还会浮现出一些好的创意或解决问题的方案来。

注意力
不集中的时候

焦虑烦躁的时候

感受到压力的时候

调整自主神经的泡澡方法

如前所述，要调整自主神经，晚上的生活方式是非常重要的。在这里对其中最重要的要素之一"泡澡"进行详细说明。

目前已知的是，最理想的泡澡方法是在 39 ～ 40℃的温热水中慢慢浸泡 15 分钟。另外，在 15 分钟的泡澡过程中，前 5 分钟泡到脖子的位置，后 10 分钟泡到胸口窝的高度，这对调节自主神经来说是最有效的泡澡方法。38.5 ～ 39℃是提升体内温度、促进血液循环的最佳温度，可以增强副交感神经的活力，让人睡得更香。

反之，泡 42℃以上的热水澡，则会给身体带来不良的影响。热水会使交感神经的活性急剧增高，血管也会跟着收缩。血压急剧上升后，有可能会引发中风、心肌梗死等危及生命的疾病，也会使身心变得亢奋起来，睡眠质量也会因此而降低。另外，需要注意的是，即使是温度合适的热水，泡澡的时间也不宜过长，以免发生脱水。

不少人在洗澡的时候，只是淋浴而已。淋浴会造成身体深处的体温下降，降低副交感神经的活性，所以不建议晚上洗澡时只是淋浴。即使是夏天，也要在 39 ～ 40℃的浴缸中悠闲地泡 15 分钟。

有益于健康与自主神经的泡澡方法

错误的泡澡温度与方法，会使交感神经过度兴奋，甚至引发疾病。这里向大家介绍一种既不会给身体带来负担，又能温热身体、稳定自主神经的泡澡方法。

泡澡的最佳温度

若水温超过42℃，会使交感神经急剧兴奋起来，血管也会随之收缩，血液会变得黏稠，有引起高血压或卒中的风险。另外，直肠温度过高也会导致自主神经紊乱。

39～40℃的水温是最有利于促进血液循环的温度。秋冬寒冷时节泡澡时，人们往往会想要温度高一些，但身体的温热起来的方式不会因水温而改变，反倒会给身体带来负担，所以要注意控制水的温度。

泡澡方式

① 首先，前5分钟要泡到脖子。　② 剩下的10分钟泡到胸口。
③ 泡澡时间不要超过15分钟，否则可能会导致脱水。

泡完澡之后……

要喝一杯水。这样既能补充泡澡时流失的水分，又能将体内的废物排出体外。

越觉得累，越要运动

∴ 赖床或拖拖拉拉会扰乱自主神经

　　无论是谁，当疲劳累积到一定程度时，都会想好好地睡一觉来休息。但是，越是这样的时候，越要积极地活动一下身体，这样才能调节自主神经的平衡，更快地消除疲劳。

　　如果工作日程安排得太满，到了周末就很容易想睡懒觉，但恰恰是这种时候，却更要早起。正如前文所述，交感神经会在白天变得活跃，副交感神经则在深夜迎来高峰。如果因为是休息日就睡懒觉或懒洋洋地睡午觉，自主神经就会发生紊乱，反而很难消除疲劳。如果想尽快消除疲劳，周末也要保持和平时一样的生活节奏。早点儿起床，花点儿时间做一些自己感兴趣的事情。这样一来，身心都会焕然一新，自主神经的平衡会得到调整，有助于消除疲劳。

　　另外，还有不少人在回家后，一坐到沙发上就会感到疲惫不堪，然后怎么也不想做家务。要重新打开暂停的开关，则需要更大的能量，这会使人产生更强的疲劳感。当你精疲力尽地回到家的时候，一定要忍住想要休息一下的想法，先把家务和带回家的工作等该做的事情做完才是上策。这样，晚上就可以好好放松，尽快消除疲劳。

即使累了，也要动起来，不要一直躺在沙发上！

下班或买完东西回家后，觉得"累了"，便一屁股坐在沙发上。就此就粘在沙发上，根本不想站起来。这是因为一旦交感神经关闭后，副交感神经就会变得活跃，即使想要行动，也很难再次激活交感神经。

比如，买完东西回家后……

① 再累也要做晚饭 ➡ 能吃到自己亲手做的饭菜

我回来了。

※ 不要坐在沙发上

加油！

真香啊！

啊啊，太累了……

休息

晚饭呢？

① 拖着疲惫的身子做晚餐，很可能会出人意料地将晚饭做得又快又可口。

② 本打算只稍微休息一下之后再开始做晚饭，可没想到居然睡着了，再也站不起来。

如果不在该努力的时候努力，人就会容易感到疲劳。即使累了，也要把该做的事情做完，然后再休息，这样疲劳感也会减少许多。

第3章

调整自主神经的饮食习惯

心肠相连

☼ 血液是否优质取决于肠道环境

人在紧张的时候容易肚子疼，长期承受压力，则容易出现便秘或腹泻等现象。这是肠道与心理，也就是自主神经相互影响的证据。肠道除了消化和排泄的功能，还有其他重要的作用。其中之一就是造血功能。而且，若要保持自主神经的稳定，就需要优质的血液以及顺畅的血液循环。那么，肠道对血液的品质有什么影响呢？肠道内有无数的细菌，其中有益菌占 20%，有害菌占 10%，剩余的 70% 是机会致病菌。当我们饮食生活不正常时，这种机会致病菌就会倒向于有害菌，导致血液的品质恶化。如果变成有益菌，血液的品质就会变好。肠内环境如果良好，血液就会畅通无阻，自主神经也会自然而然地稳定下来。反之，如果肠道环境恶化，血液就会变得黏稠，血液循环也会恶化。出现便秘、皮肤粗糙等不适症状，会使人在精神上也变得焦躁不安，自主神经的平衡也会跟着失调。

另外，肠道环境恶化所引起的便秘也是罪魁祸首。便秘会减少血清素的分泌量，血清素影响着人的幸福感。血清素在脑内的分泌量仅占 5% 左右，约 95% 是在肠壁分泌的。由于便秘是一种慢性肠壁炎症，所以血清素的分泌功能自然会降低，分泌量也会锐减。这样一来，人的精力就会下降，还会导致慢性疲劳或抑郁症等心理疾病。

"肠道"是造血的源头工厂

只有让体内的血液保持干净，自主神经才能处于稳定的状态。而制造血液的器官就是"肠道"。肠道的健康与否，将会对自主神经产生直接的影响。

自主神经协调时的肠道……

自主神经失调时的肠道……

- 排便通畅 • 代谢顺畅 • 皮肤光滑靓丽

- 便秘 • 腹泻 • 因废物累积而出现不适

令人感到快乐的幸福物质"血清素"有 95% 是由肠道分泌的

如果肠道环境恶劣，饱含腐败物质或毒素的血液会在全身循环，从而导致大脑缺氧，出现消极想法等心理状态方面的失调。另外，发生便秘时，肠道无法制造幸福物质"血清素"，大脑也会停止分泌血清素，从而导致气血不足、干劲下降，甚至有发展成抑郁症的风险。

如果肠道环境恶劣……

精力下降　　抑郁症　　干劲低下

自行检查肠道状态！

排便是肠道健康的晴雨表

吃进去的食物经过胃部的消化之后，在小肠里吸收营养和水分，剩下的残渣移动到大肠，变成粪便排出体外。帮助完成这种肠内移动的是肠道伸缩的"蠕动"。如果肠道健康，蠕动就会很活跃，营养物质就会被肠壁充分吸收，剩下的残渣也会顺利排出。但是，如果肠道环境恶劣，蠕动就会下降，吃进去的食物不能在肠内移动，只有水分被吸收，大便就会变硬，容易发生便秘。因此，"每天的排便是否顺畅"可以说是肠道状态的晴雨表。

那么，怎样的排便才是比较理想的呢？大便的量是1天150～200克，体积比网球稍微大一点。颜色最好介于黄色与褐色之间，形状为柔软的香蕉状。排便的间隔最好是1天1次，但2～3天1次也没关系，只要没有残便感即可。

相反，如果出现"大便很硬""大便或屁很臭""吃薯类食物肚子会胀""肚子饿了也不会叫"等情况，就有可能意味着肠道蠕动下降、肠道环境不佳。而且，如果蠕动完全停止，滞留的粪便会使肠道变成下水道，出现皮肤粗糙、口臭等症状。我们要在平时就注意肠道状态，如果有便秘的倾向，就要想办法改善饮食习惯，尽早调理。

健康的肠道能顺畅地蠕动

健康且自主神经协调的肠道，会反复地收缩和舒张，将粪便顺利地运送到肛门。

健康大便的标准

重量	大小	形状	颜色	排便间隔

150～200克　　比网球稍大一点儿　　香蕉状　　黄色至褐色　　最好1天1次

黑色的大便不行！

让肠道恢复活力的肠揉按摩

大肠在体内有 4 个位置是固定的，因此宿便很容易在这 4 个地方积存。

重点按摩这4个地方，可以促进肠道的蠕动、大便通畅。

肋骨下方

髂骨下方

换手上下揉 3 分钟左右。

另外，若是因压力而引起的肠道不适，可利用p.112介绍的伸展体操来缓解

"怎么也瘦不下来……"的原因出在肠道

肥胖的人肠道环境不佳

有些人明明吃得不多却很胖，还有些人虽然吃得很多，但是体形却保持得很好，身材依然很苗条。这种差异究竟从何而来呢？答案在于肠道环境的好坏。如果肠内环境较差，消化、吸收的功能也会减弱，身体无法吸收到必要的营养成分，而毒素却会在体内积存下来。而且，由于代谢变慢，含有废物和毒素等非营养物质的黏稠血液会流遍全身，最后这些老旧废物与毒素变成"内脏脂肪"在体内围积下来。

另外，近年来的研究显示，自主神经失调是造成肥胖的重要原因之一。调查胖人的自主神经发现，很多肥胖者存在自主神经失调的问题，其中副交感神经的功能大幅下降。在自主神经中，驱动肠道蠕动的主要是副交感神经。也就是说，自主神经失调意味着肠道环境恶化，这是造成易胖体质的最大原因。

这样看来，想必大家该明白，要想瘦下来应该做些什么了。那便是，在最合适的时间吃早饭、午饭、晚饭，而且对进食量也要进行合理的分配，以此来调整肠道环境。这对保持自主神经的稳定是非常重要的。绝对不可以为了减肥而故意不吃饭。如果不吃饭，肠道就会停止蠕动，也会令自主神经失调。即使暂时瘦下来，肠道环境也会恶化，身体又会回到瘦不下去的状态。

想要瘦得漂亮，需先清理肠道

最近的生活
很不规律

明明
没怎么吃

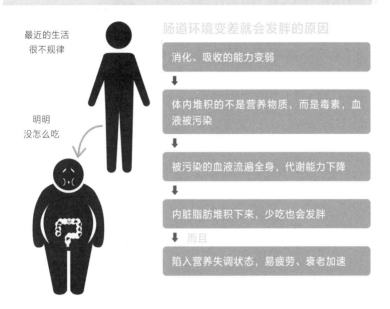

肠道环境变差就会发胖的原因

消化、吸收的能力变弱

⬇

体内堆积的不是营养物质，而是毒素，血液被污染

⬇

被污染的血液流遍全身，代谢能力下降

⬇

内脏脂肪堆积下来，少吃也会发胖

⬇ 而且

陷入营养失调状态，易疲劳、衰老加速

为了减肥而不吃饭会适得其反

无论是因为何种原因而变胖了，也绝对不能通过不吃饭来减肥。这样反而会形成易胖体质。

不吃饭   自主神经紊乱   形成易胖体质

调整肠道环境的用餐时机

∴ 通过一日三餐来刺激肠道

若要调整肠道环境，就必须重视用餐的时间和次数。最好是在固定的时间吃早、中、晚三餐。不常运动或正在减肥的人或许会认为两餐或一餐就足够了。但是对于肠道来说，进食可不仅仅是为了补充营养。进食即等于是对肠道的刺激。这也是建议大家一日三餐的最大理由。肠道因为进食的刺激而开始蠕动。但只有一两次的刺激是不能激活肠道的。但反过来说，如果一直进食，肠道就会变得疲惫。为了让肠道得到适当的刺激和休息，一日三餐是最好的模式。并且，肠道最需要刺激的时间是起床的时候。早上起床后，一口气喝一杯水，既可补充睡眠时失去的水分，排便也会变得顺畅。

最理想的用餐间隔是 6 小时。吃进去的大部分食物会在 6 小时内完全消化，因此，这种用餐间隔，不会给肠道造成负担。另外，最好不要在睡前进餐，以免对胃造成负担。晚餐最好在就寝的 3 小时之前完成。

另外，也绝对不可以吃得太快。这不仅会导致吃得太多，而且未能完全吸收的多余热量会变成体脂肪在体内蓄积下来。吃的时候要细嚼慢咽，促进唾液分泌，让唾液来帮助消化，同时，咀嚼还能刺激和活化大脑。

一日三餐，每餐间隔 5 ~ 6 小时为最佳

从"刺激肠道"的观点来看，一日三餐是非常重要的。节食或一天只吃两餐，不能对肠道产生充分的刺激，但一天进餐次数太多，也会让肠道太累。

另外，餐与餐之间最好间隔 5 ~ 6 小时。晚餐应该在就寝的 3 小时之前完成，并且最好在晚上 9 点之前结束，如果觉得实在是很难做到，那么可以少吃一些清淡易消化的食物，这样可以减轻肠道的负担。

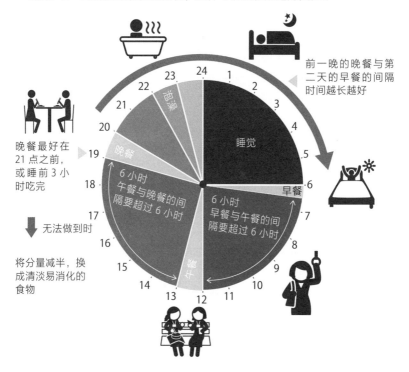

【图表：一天理想用餐时间点】

利于调理自主神经的最佳比率
是早餐 4：午餐 2：晚餐 4

∴ 重点是丰富的早餐

在一日三餐这种有规律的饮食习惯的基础上，我们还要注意早餐、中餐、晚餐的进食量比例。也就是三餐食物量的分配。只需调整三餐的比例，就能保持理想的体重与体形，还能保持自主神经的稳定，提高每天的工作效率。最佳比例为早餐 4：午餐 2：晚餐 4，如果很难做到，也可以是"早餐 4：午餐 3：晚餐 3"或"早餐 3：午餐 3：晚餐 4"。

早餐是最重要的一餐，一定要吃好。吃早餐能够促进一度休眠的肠道蠕动，副交感神经的活动也会变得活跃。而且还有促进血液循环、温热身体的作用。早餐可吃得饱一些，中餐则可以简单点。很多人不吃早餐，试图用午餐来弥补，但这样做是没有意义的。早餐就是这么重要。早上要留出 10～15 分钟的富余时间来吃早餐，不仅能让自己的心情悠然舒畅，还能够稳定自主神经。另外，只有在早餐的时候可以尽情地补充碳水化合物。我们知道糖分摄取过多会使人发胖，但是如果在早上摄取，是能够得到充分代谢的，所以稍微摄取过量也无妨。

一天中最后一顿晚餐，则可以慢慢地享受美食。晚餐要注意的是进食的时间。虽然吃什么都可以，但要在晚上 9 点前吃完。如果因为工作等原因难以做到，可以尝试将晚餐的比例调整为"2"。

三餐的进食量比例为早 4 ：午 2 ：晚 4

一天中最重要的是早餐。午餐应该吃得简单一些，如果晚餐不得不延迟，可以选择有利于消化的食物。

早餐是金　　　　午餐是铜　　　　晚餐是银

早餐
4

午餐
2

晚餐
4

不吃早餐而用午餐来弥补的行为是绝对不可取的。从稳定自主神经的层面来看，早餐的缺失是无法用午餐来弥补的。建议大家早点儿起床，让自己优哉地享受一顿营养均衡的早餐。

晚餐推迟到晚上 9 点以后时……

如果吃完就得马上睡觉，还不如不吃。如若实在饿得受不了，可以喝点汤或茶等温热的食物，让胃安静下来。

将比例调整为早餐4：午餐2：晚餐2

吃一些清淡易消化的食物

膳食纤维对解决便秘非常重要

::: 两种膳食纤维的特点

膳食纤维的作用是，在肠道内将废物和食物残渣进行回收，最终转变成粪便排出。如果在平时能积极摄取膳食纤维，就能给自己一个远离便秘的身体。

膳食纤维是人体消化酶难以消化的营养素的总称，大致分为"不溶性膳食纤维"和"水溶性膳食纤维"两种。哪一种能解决便秘问题呢？答案是水溶性膳食纤维更有效。一方面，不溶性膳食纤维具有在吸收肠道水分后发生膨胀的特性。因此，在发生便秘时，如果还大量摄取不溶性膳食纤维，肚子就会胀得难受，粪便也会因为水分被吸走而变硬，反而会加剧便秘。另一方面，水溶性膳食纤维顾名思义就是可以溶于水的膳食纤维，因为它能溶入肠道的水中，使大便变软，所以具有消除便秘的效果。

富含不溶性膳食纤维的食物有香蕉、牛蒡、魔芋、秋葵、毛豆、竹笋等。含有大量水溶性膳食纤维的食物有海藻、菌类、薯类、小麦胚芽、全麦面包和麦片等。但是，要注意的是，所有的食材均含有不溶性与水溶性的膳食纤维，所以没必要过于计较。只要有意识地积极摄取海藻、蔬菜、食用菌类、水果就可以了。黑枣、无花果等干果也含有丰富的膳食纤维，能帮助我们快速轻松地摄入膳食纤维。

膳食纤维能 "清扫" 肠道，使肠道变得干干净净。膳食纤维主要分为 "不溶性膳食纤维" 和 "水溶性膳食纤维" 两种。

膳食纤维

富含不溶性膳食纤维的食物	富含水溶性膳食纤维的食物
不溶性膳食纤维在吸收水分后会发生膨胀，能刺激肠道、促进排便。但是，如果过度摄取，反而会使粪便变硬，所以经常便秘的人要注意不要摄取过多。	水溶性膳食纤维有软化粪便的作用，因此能使排便顺畅。在海藻类食材中含量很高。

魔芋　　牛蒡　　香蕉　　　　纳豆　　薯类　　土豆

秋葵　　竹笋　　　　　全麦面包或麦片　　山药

同时富含不溶性和水溶性膳食纤维的食物

海藻　　　　　　　　　　水果

蔬菜　　　　　　　　菌菇类

酒精与自主神经的密切关系

∴ 过量饮酒会导致自主神经紊乱

有些人认为喝酒可以缓解压力，消除身心不适，但这显然是错误的。这不过是酒精使精神陷入麻木，让人产生"很爽"的错觉而已。实际上，酒精的刺激会使交感神经过度活跃，自主神经反而有发生紊乱的倾向。

另外，大量摄取酒精会使身体陷入脱水状态。肝脏虽然能分解酒精，但在分解的过程中，也会消耗大量水分。而且，酒精有利尿作用，这就是喝酒后会常去厕所的原因所在。因此，酒喝得越多，脱水就会越严重，血液也会因为水分的流失而变得黏稠。交感神经占优势后，血管收缩，黏稠的血液就更不容易在变得狭窄的血管中流动，从而导致血流不畅，血液无法流到末梢神经的血管。这就是为什么喝多了以后，第二天会头痛的原因。恶心呕吐的现象，也是因为促进消化器官工作的副交感神经极度抑制，导致肠道麻痹而引起的。

那么，是不是一口酒都不能喝？也并非如此，适量饮酒能放松心情，还具有激活副交感神经的效果。也就是说，如何做到饮酒适量是最重要的。如果想喝点儿酒，建议喝一杯酒就喝一杯水。这样可以防止脱水与消化器官麻痹。

过量饮酒会导致自主神经失调

酒精摄取过多会引起脱水，血液会变得黏稠，血液循环不畅，自主神经也会失调。

一杯酒、一杯水

啤酒　　　　　　水

为了降低酒精带来的各种伤害，每喝一杯酒就要喝一杯以上的水。这样可以防止酒精引起的脱水。

再加点儿下酒菜来保护肠胃

从过去传承到现在的下酒菜不仅美味，而且对身体有益，还有保护胃与肠黏膜的效果。

红酒 + 奶酪

啤酒 + 毛豆

酒 + 鱼

如果能把酒喝得既愉快又适量，就可以获得放松与消除压力的效果，对自主神经也能带来积极的影响。

肠道健康，癌症也会远离

　　我们之所以能保持身体健康而不生病，是因为体内有一套"免疫"系统。许多免疫细胞相互协调合作，从而产生免疫功能，击退从外部侵入的细菌与病毒，保护身体不受感染。另外，排除体内产生的癌细胞等异物也是免疫功能。免疫功能虽然如此重要，但出人意料的是，据说有70%的免疫细胞竟然都在肠道。也就是说，肠道环境恶化，免疫力就会下降，如果肠道环境能够得到改善，免疫力也会随之提高。

　　而且，与肠道息息相关的自主神经也会使免疫力出现上下波动。血液中的白细胞是负责免疫的主角。白细胞分粒细胞、淋巴细胞与单核细胞3种，白细胞的特性是，交感神经占优势时，具有排除细菌功能的粒细胞会增加，副交感神经占优势时，具有排除病毒功能的淋巴细胞会增多。这就需要双方均要保持平衡，任何一方都不可过于活跃。交感神经过于活跃时，会导致粒细胞增加过多，维持健康所需的正常菌群就会被排除，如果副交感神经过于亢奋，淋巴细胞的数量会大增，就会对抗原产生敏感反应，容易出现过敏症状。因此，若要提高免疫力，保持自主神经的平衡是很重要的。为此，需要调整会对自主神经功能产生影响的肠道环境。归根结底，只要饮食习惯规律，保持肠道环境干净，就能常保身心健康。

肠道的免疫系统会保护我们远离疾病与癌症

只要有足够高的免疫力，即便万一有细菌或病毒进入身体，也能很好地予以排除。还能排除"癌细胞"等异物。即使是身体健康的人，每天在体内也会产生数千个的"癌细胞"等异物。

如果免疫力低下……

平时要
努力提高免疫力

免疫

被有害菌、病毒、癌细胞打败

稳定的自主神经与健康的肠道能保持免功能正常

免疫力

肠道

自主神经

只有"健康的肠道环境"才能保持"协调的自主神经平衡"，反之亦然。如果这两点都具备了，熬夜一晚上也不会导致免疫力下降。日常的饮食习惯、生活习惯是免疫力的支柱。

"难吃"的食物
会对身心产生负面影响

肠道容易受到心理影响

　　饮食的重点在于开心地享受自己喜欢吃的东西。为什么这么说呢？因为强迫自己一直吃难吃的食物，会给自主神经带来不良影响。即使是那些所谓"有益健康"的食物，如果吃的人不觉得好吃，就会给心理带来压力，从而导致肠道环境恶化，自主神经的平衡也会受到影响。大家要记住"克制、压抑的生活方式（饮食方式）无法保持肠道的健康"。

　　肠道是一个容易受到心理影响的器官，甚至被称作"第二大脑"。人哪怕只是稍有紧张，就有可能会引发肚子疼，来自工作或人际关系的压力，会导致便秘或腹泻，肠道对心情的变化有着非常敏感的反应。克制、压抑的生活从来就不是一件轻松的事情。在我们不能如愿以偿的时候，往往会否定自己、厌恶自己，这都会使压力越来越大，肠道也会对这些压力做出反应，导致肠道环境恶化，自主神经也因此发生紊乱，进而陷入恶性循环。

　　很多人为了减肥而不吃油或碳水化合物，就会出现虽然觉得难吃而不得不吃（少油或碳水化合物的食物）的情形，这样的话只会造成压力。带着压力去吃，热量便会转换成脂肪。反之，若能快乐地享受美食，肠道的蠕动就会变得活跃，自主神经也会随之稳定下来。这样一来，血液循环就会变得顺畅，新陈代谢也会加快，即使不减重也能避免体重的增加。

别逼着自己吃难吃的食物

压力

逼自己吃难吃的、不愿意吃的食物，会给自己带来压力，这些压力会导致肠道环境恶化、血液循环不畅，自主神经也会因此出现紊乱。

无压力

开心地享受美食，肠道的蠕动会变得活跃，自主神经也会稳定下来。

克制、压抑的饮食与生活方式会扰乱自主神经

如果强迫自己不吃想吃的东西，而又不情愿地去吃难吃的食物，那么，被称作"第二大脑"的肠道就会受到影响，自主神经也会紊乱。营养均衡固然重要，但首先要吃得开心、美味。

战战兢兢

一直提醒自己这个不能吃，那个不能吃，这种过于克制、压抑的饮食生活，会使自主神经失调。

愉快、无压力地享受美食。

过量摄入碳水化合物会
让人感到疲惫

享受美食是最重要的，而碳水化合物是非常好吃的食物，所以不要逼迫自己不吃碳水化合物食物，但也不能过量摄取。如果早、中、晚三餐都大量摄入碳水化合物，就很难维持体重。更大的问题是，如果以碳水化合物为主的食物吃得很多，交感神经就会占据主导地位，而用餐结束后，副交感神经的功能会因其反作用而急剧上升。交感神经与副交感神经如此剧烈地转换，会使我们感到倦怠、疲劳而昏昏欲睡。

三餐之中，有一餐以摄取碳水化合物为主是最理想的。早上多吃面包与米饭，午餐选择清淡的餐食，以此来控制碳水化合物，这是最理想的安排。这样，下午就不会犯困，工作也能顺利开展。

话虽如此，有时中午也会特别想吃碳水化合物。这种时候若强迫自己忌口，会无形中给自己带来压力，所以吃点也无妨。不过，饭量或面量要减半。这样能够满足口腹之欲。但是，不可以跳餐，如果跳过午餐，直接吃晚饭，血糖值会急剧上升，晚餐所摄取的热量不能代谢转换成能量，会变成脂肪积蓄在体内。过量摄取碳水化合物固然不好，但至少要吃一个饭团加味噌汤来填饱肚子。

以碳水化合物为主的餐食一天一次

如果早、中、晚三餐都是以碳水化合物为主的餐食，会摄入过多糖分，造成午餐之后特别容易犯困。综合考虑，早餐是最适合摄取碳水化合物的一餐。

早餐多摄取碳水化合物！

简单清淡的午餐，下午也能保持良好的工作状态！

如果晚上9点之后才吃晚餐，就需进一步减少进食量。

 可足量摄取，吃米饭或面包等碳水化合物

 少量的碳水化合物最为理想

 少量的碳水化合物最为理想

午餐若想吃自己喜欢的食物，可将碳水化合物的分量减半

不能吃最喜欢的炸猪排和拉面……过度的抑制就会产生压力，从而造成自主神经紊乱，这就本末倒置了。午餐实在想吃碳水化合物的食物时，将碳水化合物（米饭或面食）的分量减半也是一种不错的方法。

压力会扰乱自主神经

忍耐

盖浇饭　　拉面

将米饭或面条等
碳水化合物的分量减半

若要调整自主神经，
需要摄取动物性蛋白质

☼ 积极摄取肉类 + 抗氧化成分

自主神经的原料是蛋白质。而且是肉、鱼、蛋等所富含的优质动物性蛋白质。对必需氨基酸的种类与数量进行比较后发现，作为自主神经的原料，动物性蛋白质明显优于植物性蛋白质。例如，长寿的人，上了年纪依然精力充沛的人，绝大多数都喜欢吃肉和鱼。另外，有许多人觉得"想要振作精神就要吃肉"。这些都是因为优质的动物性蛋白质能提升自主神经的功能。

因此，动物性蛋白质是每天都要积极摄取的必不可少的营养素，但有一点必须注意，那就是肉和鱼等动物性食品中通常都含有脂肪，脂肪摄取过量，会导致多余的脂肪在血液中氧化而破坏肠道环境。

那么我们该怎么做呢？答案很简单，那就是在摄取动物性蛋白质的时候，要搭配含有能防止油脂氧化的抗氧化成分的食物。蔬菜和水果中含有丰富的抗氧化成分，β 胡萝卜素、维生素 C、维生素 E 也是抗氧化成分。植物去青后剩下的汁液中所含的花青素、多酚也是抗氧化成分。所以，吃牛排时，可将蔬菜作为配菜，选择水果作为饭后甜点。仅仅这样，就可以防止吃肉的缺点——脂肪的不良作用。

自主神经的原料是蛋白质

自主神经 ← 原料

优质蛋白质

自主神经的养分是"蛋白质"，其中，尤其是"动物性蛋白质"，是每天都应该积极摄取的营养素。

摄取动物性蛋白质的同时，连同抗氧化成分一并摄取

动物性蛋白质往往会带有脂肪，如果不搭配其他含有抗氧化成分的食物，脂肪就会在血液中氧化，血液会因此变得黏稠，肠道环境也会随之恶化。为了避免发生这种情况，在摄取动物性蛋白质的时候，千万记住要同时搭配含丰富抗氧化成分的蔬菜。

示例

烤肉 + 泡菜　生菜

烤鱼 + 萝卜　柠檬

此外，还推荐了

β胡萝卜素 ➡ 胡萝卜　　维生素C ➡ 柠檬

维生素E ➡ 南瓜　　多酚 ➡ 红酒

花青素 ➡ 茄子

贫血的症状与自主神经失调的症状相似

> **如果不是铁分摄取不足，就疑似自主神经出了问题**

头晕、站起时眩晕、胸闷气短、心悸、容易疲劳、浑身无力、早晨起床困难、头痛、肩膀僵硬酸痛、烦躁不安。这些情况有可能是贫血或自主神经失调时出现的症状。也就是说，贫血的症状与自主神经失调的症状非常相似，普通人很难分辨。不过，症状虽然相似，但原因却完全不同。

贫血大多是缺铁所致。如果铁元素摄取不足，会导致血液中红细胞所含的血红蛋白数量减少。血红蛋白承担着向全身运送氧气的重要任务，如果血红蛋白减少，氧气就无法输送到身体各个部位，就会出现胸闷气短、心悸、倦怠等不适症状。另一方面，自主神经失调的症状则是由于平时的压力、疲劳、不规则的生活习惯、导致交感神经和副交感神经的平衡被破坏而引起的。贫血的情况可以通过服用补铁的营养品或在日常饮食中摄取铁元素来改善，而要治愈自主神经失调的症状，则必须使身心得到充分休息。

区分两者的简单方法是进行血液检查。如果血液中铁元素不足，即可断定是贫血。如果血液检查没有问题，则有可能是自主神经失调。此时，最佳的治疗就是保证充足的休息和睡眠。如果症状依然没有得到改善，就需要去神经内科诊室就诊，检查一下自主神经的状况。

是否贫血可通过血液检查立即做出诊断

贫血或自主神经失调均会出现疲倦、头昏眼花等诸多相似的症状。不过，是不是贫血，可以通过血液检查即可做出诊断。另一方面，如果是自主神经失调引起的不适症状，血液检查也不会发现有任何异常。

倦怠乏力、头昏眼花-----
会不会是自主神经失调?

血液检查后
发现是贫血

原来如此!

贫血可通过饮食或药物来改善

贫血可以通过适当的饮食调整或服用含有铁元素、维生素 B_{12} 的营养品来改善。但是，子宫肌瘤或其他疾病也有可能出现引发类似贫血的症状，此时就需要寻求其他治疗方法。如果这些症状是自主神经失调所引起的，就必须要好好休息。

贫血

通过药物或饮食进行改善

自主神经紊乱

通过放松身心进行改善

有助于保持健康的
"养生味噌汤"

对于日本人来说，"味噌（大酱）"是他们最熟悉的食材，再没有比味噌更有益健康的食材了。味噌的原料是大豆，而大豆含有丰富的蛋白质、维生素、膳食纤维等重要营养素。大豆经过发酵后，会产生氨基酸，升级成营养价值更高的食材。味噌含有维生素（B_1、B_2、B_{12}）、烟酸、叶酸、钙、镁、铁、锌等多种营养成分，种类之丰富，举不胜举。另外，近年来"发酵食品的味噌具有抗衰老的效果""预防血压上升""降低罹患胃癌风险"等保健效果也已得到证实。

可见，味噌可谓是一种超级食品，摄取这种超级食品的最佳方法就是做成味噌汤来喝。味噌汤里通常会加入各种各样的食材，所以喝一碗味噌汤就能摄取到很多的营养素，而且加热后，食材的分量会减少，所以比生吃蔬菜能摄取到更多的蔬菜。每天喝一碗味噌汤，不仅能维持健康，还能预防疾病，延年益寿。因此，味噌汤可以说是最强的健康食品。

更奇妙的是，味噌汤是"温暖的饮品"。暖汤与热食经过肠胃时，能够促进血液循环，有增强副交感神经功能的作用。大家有没有过喝一碗暖乎乎的味噌汤后，会不由得有一种放松的感觉？其实这是因为副交感神经活跃，身心得到放松的缘故。由此可见，喝味噌汤能养生是有道理的。

热饮可使副交感神经活跃起来

热饮能促进肠胃的血液循环，激活副交感神经。因此，晚上要特别注意喝温热的东西。另外，觉得烦躁或疲劳的时候，建议利用热饮来调整自主神经。

喝热饮　　　促进肠胃的血液循环　　　激活副交感神经，调整自主神经

这时候也要喝热饮

烦躁　　疲劳　　味噌汤的健康效果也很显著！　　放松

实在想喝冷饮的时候……

在喝冷饮或吃冷面类食物的时候，可以放点醋、柠檬、梅干等酸味食物，食用这些食物，能够使肠胃会产生排泄反应，活跃副交感神经，自主神经也不会受到干扰。另外，橄榄油和芝麻油能促进排泄，提高副交感神经的活性。

冷饮　　柠檬　　酸橘　　泡菜　　橄榄油

冷面　　酸味　　芝麻油

如何吃午餐才会不犯困？

吃完午餐后，有时会突然感到疲倦或睡意来袭。这是由于用餐时交感神经占据主导地位，而餐后副交感神经突然占据优势，发生自主神经的"突然切换"所造成的。

进餐时，"吃"这个行为会让身体活跃起来，交感神经的活性也会提高。如果比喻成汽车，就是油门全开的状态。但在餐后，血流会向消化器官集中，大脑出现供血不足，因此就会出现头脑昏昏沉沉的现象。由于肠胃活动频繁，副交感神经也会突然变得活跃起来，就像突然踩下刹车一样。因此，我们才会突然感到疲劳而昏昏欲睡。但是，这种现象可以通过午餐来预防。预防的重点有两个，第一个重点是，吃午餐前先喝 1 ~ 2 杯水。这样，肠道就会反射性地做出反应并蠕动起来。预先使肠道的蠕动活跃起来之后，进餐时也能在一定程度上保持副交感神经的活性，避免交感神经与副交感神经的活性产生"突然切换"的现象。

第二个重点是细嚼慢咽，吃"六~八分饱"。细嚼慢咽可以使副交感神经在进餐过程中逐渐活跃起来。另外，吃得少一点儿，可以防止餐后出现大脑供血不足的现象。与吃得太饱相比，吃"六~八分饱"，头脑昏沉及疲劳的感觉也会减少。如果实在想吃得饱饱的，那么一定要在餐前先喝 1 ~ 2 杯水，然后按照新鲜蔬菜→蛋白质→碳水化合物的顺序进食。

午餐后犯困的原因

餐后犯困的最大原因是，进餐时交感神经一下子占据主导地位，而紧接着在用餐之后，消化系统开始启动，副交感神经开始占据主导地位，这是一种因交感神经与副交感神经发生突然切换而产生的生理现象。

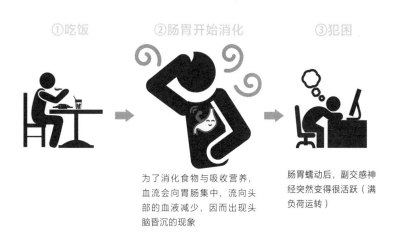

①吃饭

②肠胃开始消化

③犯困

为了消化食物与吸收营养，血流会向胃肠集中，流向头部的血液减少，因而出现头脑昏沉的现象

肠胃蠕动后，副交感神经突然变得很活跃（满负荷运转）

如何避免午餐后犯困

用餐前喝水可使副交感神经占据优势，因此可以避免餐后消化时自主神经的突然切换。另外，将食量减少到六～八成，可避免大量的血液流向消化器官，也是维持下午工作效率的非常有效的方法。

①进餐前先喝1～2杯水

②细嚼慢咽，吃六～八分饱

工作进展顺利！

③下午也能精力旺盛

晚餐要在晚上 9 点之前吃完

∴ 活用"肠道的黄金时段"

晚餐的重点在于"吃完的时间"。餐与餐之间至少要间隔 5 小时。因为吃进去的食物需要 5 小时才能经过小肠，所以，如果在食物经过小肠之前吃东西，就会给肠胃造成负担。例如，如果 7 点吃早餐，那么午餐在中午 12 点吃，晚餐则在晚上 5 点以后吃。虽然在晚上 5 点吃晚饭有点儿太早，但晚餐还是越早越好。最晚也要在就寝前 3 小时，也就是基本上要在晚上 9 点之前吃完。

餐后 3 小时被称作"肠道的黄金时段"，在该时段，肠胃活动频繁、副交感神经的功能增强。尤其是晚餐之后，消化吸收旺盛，副交感神经最为活跃。如果吃完晚饭的时间与睡觉的时间间隔较短，那么，因用餐而上升的血糖值将不能充分下降，血糖很容易变成脂肪堆积下来。而且，如果用餐结束不到 3 小时就睡觉，交感神经还会持续处于主导地位，睡眠质量也会因此下降，吃进去的食物得不到充分消化，营养也无法输送到细胞，从而形成恶性循环。

另外，如果在胃里还残留着很多食物的状态下躺下来，胃酸可能会在食管反流，有患"反流性食管炎"的危险。为了预防失眠、肥胖与疾病，一定要记得晚餐之后的 3 小时是肠道蠕动的"黄金时段"。建议大家充分利用这一黄金时间段，在晚上 9 点之前完成晚餐，然后洗个澡，做做伸展运动，充分进行放松。

晚餐在 5 点以后，越早吃越好

两餐之间要间隔 5 ~ 6 小时，晚餐则尽可能地在晚上 5—9 点之间吃完，这是能够保持副交感神经协调的优质晚餐的秘诀。如果可能，要尽量早一点，这对自主神经会有更好的影响。

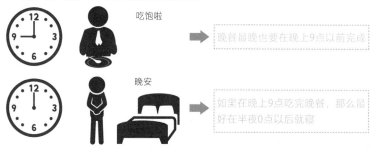

吃饱啦

晚餐最晚也要在晚上9点以前完成

晚安

如果在晚上9点吃完晚餐，那么最好在半夜0点以后就寝

在晚餐结束后 3 小时内睡觉，会引发不适

如果没有充分利用餐后 3 小时的"肠道的黄金时段"就睡觉，那么，自主神经就会失调，引起各种不适。

晚餐后 3 小时之内睡觉，身体会出现多种不适症状

体力、免疫力下降

肠道环境恶化

自主神经紊乱，
容易疲劳

睡眠质量下降

其他
还有……

在血糖
还没降下来的时候
睡觉，会发胖

还没消化完的
食物会反流，
恐患反流性食管炎

利用晚餐之后的 3 小时，打造"优质睡眠"

☼ 睡前要让副交感神经保持优势

何谓"优质睡眠"？我们有时就算睡了很长时间也无法消除疲劳。当然，也有就算睡的时间短却神清气爽的时候。那么，怎样才能拥有"优质睡眠"呢？关键在于如何度过晚餐之后的 3 小时。

在吃晚餐的时候，交感神经会因为咀嚼以及美食的刺激而活跃起来。但是用餐结束之后，由于肠胃蠕动，副交感神经的活力会逐渐提高。交感神经与副交感神经就像是"跷跷板"，一方升高时另一方就会下降。因此，交感神经的作用会在此时降低，身心慢慢进入放松状态。用餐结束后，交感神经和副交感神经的工作产生轮转，3 小时之后副交感神经才会进入完全活跃的状态。如果在此之前就寝，副交感神经的活力就不能充分提升，无论睡多久，也无法消除身体的疲劳。

也就是说，在睡眠方面，充分利用"肠道的黄金时段"也是很重要的。在这 3 小时之内要放松心情，使副交感神经充分活跃起来。泡澡时，洗澡水也不能太热，因为这会提高交感神经的活力，要在温水中慢慢浸泡。另外，还要记住在睡觉前，行为动作要放慢。也不要玩手机或使房间的灯光太亮，以免大脑受到刺激而过于兴奋。若能注意上述事项，自然就能进入舒适的入睡状态。

在晚餐结束后的 3 小时内，等待副交感神经占优势

晚餐结束后的 3 小时行为	如果将自主神经比作跷跷板

1 吃饱啦

PM9：00

进餐时，交感神经就会占据主导地位，身体进入兴奋状态。

2 悠然放松

PM10：00

用餐结束后，肠胃开始消化食物，副交感神经的活性慢慢上升。

3 泡澡

PM11：00

一天结束时的泡澡可有效稳定自主神经，39 ~ 40℃的泡澡水，能使副交感神经更活跃。

4 睡觉

晚安

PM12：00

餐后 3 小时是胃肠消化食物的时间。在副交感神经最活跃的时候睡觉，可以获得优质的睡眠。

利用巧克力和坚果来消除疲劳并促进血液循环

对肠道健康有益的小零食

在早、中、晚三餐之外吃点儿零食绝对不是坏习惯。因为时不时地吃点东西，能全面提高副交感神经的活力，有利于促进肠道在一整天的蠕动。因此，推荐给大家的零食是巧克力和坚果。很多人往往认为巧克力容易使人发胖，但巧克力是含有多种营养功效的"完全营养食品"。

尤其是巧克力的主原料可可，它具有良好的促进血液循环的效果。例如，具有抗氧化作用的可可多酚能够强健血管，预防动脉硬化；可可脂中所含的油酸可以抑制胆固醇，预防生活习惯病。另外，可可还含有丰富的膳食纤维以及一些人体容易缺乏的矿物质，特别是能促进血液循环的镁、锌等尤为丰富。巧克力中还含有一种名为可可碱的成分，该成分具有镇静作用，能够激活副交感神经，有助于消除烦躁不安与大脑的疲劳。

此外，杏仁、核桃等坚果不仅富含维生素、矿物质、膳食纤维，还富含 Omega-3 脂肪酸，有助于减少坏胆固醇，预防肥胖。

伏案工作很累的时候或觉得肚子有点饿的时候，要避开那些高热量、脂肪与糖分含量过多的零食，多吃巧克力和坚果。选择吃可可含量高的巧克力、无盐、无油的素烤坚果，则效果更佳。

巧克力是完全营养食品

厉害了

巧克力的主要原料"可可"的功效

可可多酚：具有抗氧化作用，能强健血管、预防动脉硬化

可可脂：含有油酸，能抑制胆固醇

膳食纤维：有助于保持肠道健康

可可碱：具有镇静神经、消除烦躁与大脑疲劳的效果。

此外还富含镁、锌等矿物质

将坚果与巧克力作为零食，使头脑变得清醒

杏仁、核桃等坚果类食物可谓是维生素与矿物质的宝库，还含有丰富的膳食纤维，与可可豆一样，具有调整肠道环境的效果。另外，还含有丰富的 Omega-3 脂肪酸，它可以减少体内的坏胆固醇，具有预防生活习惯病与肥胖的效果。

最知名的事例，就是宇航员，为了使身心的潜能得到充分发挥，他们会积极摄取坚果。

很多运动员通过吃巧克力来提高注意力，以达到最佳的运动状态。

建议大家在工作或学习的时候，把巧克力和坚果作零食，若是可可含量高的巧克力，能更好地摄取到可可的营养成分。

嚼口香糖能使我们保持平常心并且会让大脑活跃起来

进餐时充分咀嚼的诸多效果

如前所述，细嚼慢咽可以提高脑活力。而且，咀嚼的节奏以及表情肌的放松，都能提高副交感神经的活性，稳定自主神经。也就是说，嚼口香糖既能活跃大脑，又能使我们的心态平和、保持平常心。美国职业棒球大联盟的选手们经常嚼口香糖就是出于这个原因。我们平常人也是如此，在紧张的会议之前，或者因为烦躁而无法抑制愤怒的时候，嚼口香糖也能不可思议地使我们恢复平常心，提升身心表现。

事实上，最近的实验与研究也已经证明了这一点。口香糖的实验表明，嚼口香糖能够促进大脑的血液循环，小脑和额叶运动区的血液循环竟然增加了 10% ~ 40%。另外，在自主神经方面，研究结果表明，嚼口香糖能增加深度睡眠和冥想时才会出现的大脑的 α 波。普遍认为，这可能是由于副交感神经功能增强，身心得到彻底放松所带来的效果。

顺便说一下，嚼口香糖除了能活跃大脑、平静心情，还有很多其他效果。例如，预防因年龄增长而出现的牙周病。因为咀嚼可以促进牙槽骨髓的血液循环。而且，细细咀嚼时，刺激会从咀嚼肌传递到大脑，促进大脑分泌出具有分解内脏脂肪效果的"组胺"。也就是说还可以预防代谢综合征。

美国职业棒球大联盟的选手常嚼口香糖的原因

注意力
提升！

美国职业棒球大联盟的选手之所以经常嚼口香糖，是为了保持平常心与活跃大脑。

因为嚼口香糖能提高副交感神经的活性，促进大脑的血液循环，所以除了体育运动，在重要的演讲之前等需要提升专注度的时候，不妨试着嚼嚼口香糖。

口香糖还能有效预防因年龄增长而出现的牙周病

最近发现，牙周病（齿槽脓漏）是牙齿掉落或造成其他各种疾病的元凶之一。牙周病是由于下颚处的牙槽骨髓中有污浊的血液积存所致的。目前已知的是，嚼口香糖能够促进牙槽骨髓的血液循环，令污浊的血液很难堆积下来，进而预防牙周病。

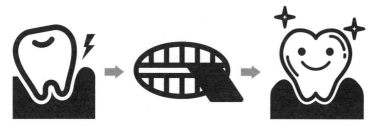

热咖啡能促进肠道分泌幸福物质

一杯热咖啡，就能消除身心疲劳，稳定自主神经。早上醒来喝杯热咖啡，咖啡中的咖啡因能够活跃交感神经，帮助我们消除睡意、神清气爽。由于交感神经变得活跃，心情也会跟着振奋起来，所以也有消除压力的效果。在情绪低落的时候，咖啡也是一剂振奋精神的良药。

但是咖啡的功效不仅仅是因为咖啡因。咖啡除了扩张末梢血管、抗氧化作用等促进血液循环的效果之外，还能促进大肠蠕动，消除便秘、有效改善肠道环境。另外，特别值得一提的是，它还能促进肠道分泌被称作幸福物质的血清素与多巴胺等的分泌量。这点在哈佛大学的研究中已经得到了证实，该大学的调查报告显示，咖啡爱好者当中，抑郁症患者的比例较低，每天喝 2 ~ 4 杯咖啡的成年人，无论男女，自杀率都会减半。

但是，咖啡也并非喝得越多越好。芬兰的调查报告显示，一天喝 8 ~ 9 杯的人，自杀风险反而会增加。而且，过度摄取咖啡因，还可能会扰乱自主神经的平衡。每天适量地喝 2 ~ 4 杯，且不要喝冰咖啡，而是喝能暖肠的热咖啡。另外，不要在睡前 3 小时喝，尽可能地在白天饮用。

一天 2 ～ 4 杯的热咖啡有益健康

咖啡中含有丰富的咖啡因及多酚之一的绿原酸，这些成分对肠道与自主神经益处多多。为了不让肠道受凉，建议大家喝热咖啡，带着放松的心情，来享受咖啡带来的各种益处。

咖啡因

- 活跃交感神经，消除睡意
- 缓解压力
- 让沮丧的心情放松下来
- 增加血清素和多巴胺分泌量，具有"抗抑郁效果"
- 具有扩张末梢血管的作用

正是因为忙，才要喝杯咖啡，休息一下

绿原酸（多酚的一种）

- 具有抗氧化作用，促进血液循环

其他还有……

刺激大肠蠕动

- 有助于消除便秘，改善肠道环境、促进全身的血液循环

咖啡的香气

- 有放松效果

能增加肠道有益菌的最强细菌是什么？

会成为肠道有益菌食粮的菌，是乳酸菌与双歧杆菌。

能让我们轻松摄取到这些菌的食物是酸奶。那些宣称"能将活的有益菌送到肠道"的商品固然很棒，但事实上，普通的酸奶也很有效果，因为即使是灭活的菌，也能成为肠道有益菌的食粮。添加了各种各样活菌的酸奶的效果也因人而异，所以请连续 2 周到 1 个月摄取同一种菌（同一种商品），以试效果。

可一同摄取的食品

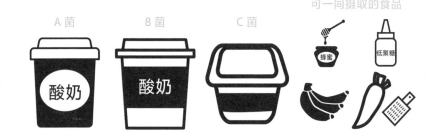

在连续 2 周左右的食用期间，如果大便变成香蕉状、皮肤变得有光泽、不容易疲劳、能睡好觉了，这就意味着这种菌适合你。

除了酸奶，其他各类食品中也含有乳酸菌，例如，发酵食品的纳豆与味噌，以及使用米曲霉制作的各种料理。每天摄取这些菌，可以打造出不易增加坏细菌的肠道环境。

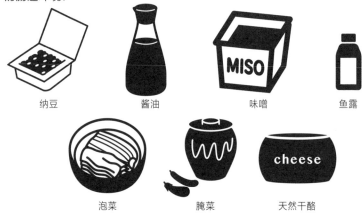

第4章

调整自主神经的
心理建设

磨炼不被别人意见左右的个性

幸福的关键在于"别人是别人，自己是自己"

工作的压力、养育儿女、照顾老人等精神压力也是扰乱自主神经的大敌。其中，不可避免的是来自人际关系的压力。由于别人不按照自己的想法去做而感到焦虑，将自己与别人进行比较而产生自卑……这些都是会侵蚀我们心灵的压力，也是令自主神经失调的原因。因为来自人际关系的压力是凭一己之力所无法解决的，所以，烦恼会愈发严重。

要想从这种压力中解脱出来，重要的是要清楚地知道"别人是别人，自己是自己"。要在自己心中树立一个毫不动摇的信心，拥有不被他人的意见所左右的坚定价值观。

话虽如此，要完全不在意别人的眼光或不感到自卑，不是件容易的事情。无论怎样努力提醒自己不去介意，还是会在意别人的眼光与言行举动，这是人极其自然的反应。因此，我们需要将思考方式从"不在意"转向"置之不理"。要与别人对自己的评价和目光保持距离，不去过问。将稳定自主神经放在最优先的位置，尽量不去看那些会让你心烦意乱的社群或网络信息，只想那些心情愉快的事情。这是磨炼你的人际能力的第一步，也是通往幸福的捷径。

来自人际关系的压力很容易造成自主神经紊乱

心情烦躁的时候，交感神经就会占优势，从而导致血流不畅。这样一来，大脑就得不到足够的血液，思考能力也会跟着下降，难以控制自己的情绪。

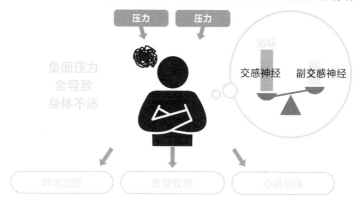

拥有毫不动摇的核心价值观

只要有自己的轴心（价值观），就不会被周围的意见所左右、被牵着鼻子走，压力也会减少许多。

自主神经失调具有传染性

自主神经失调也会对职场与家庭产生影响

自主神经保持协调，不仅对自己有好处，对周围的人也会产生积极的影响。

例如运动员，有时只是更换一名选手上场，场上的危机便有可能会发生翻天覆地的变化而扭转整个局面。这类选手的自主神经比较稳定，能够保持高度专注力与冷静，能使全队的气氛变得轻松起来。这种情绪也会影响队友，具有扭转颓势的力量。

在职场上也有相似的例子。在推动某个重要项目时，压力很容易导致团队成员的自主神经失调。此时，团队中如果有位自主神经非常稳定的人，其沉着从容的举止和话语，能让其他人产生安心感而稳住团队的阵脚。这样一来，紧张的气氛就会变得缓和，成员之间的团结也会变得更加紧密，从而将项目引向成功。

家庭也是如此。如果父母的自主神经很稳定，孩子的自主神经也会受到良好的影响。相反，如果妈妈对育儿感到不安，或者爸爸工作压力过大，孩子的自主神经也会跟着失调，出现身心不佳的状况。一味催促"快点快点"的凡事求快的育儿方式，会过度刺激孩子的交感神经，导致孩子遇事毛躁不冷静。在家里，大人在孩子面前表现得轻松从容，孩子的自主神经也能保持稳定。

自主神经也会对周围的人产生影响

一个人神经紧张，周围的人也会跟着紧张兮兮，整个职场也会弥漫着低迷的气氛。

在紧张的气氛中，只要有一个自主神经协调的人加入，就能切断上述的恶性循环。

催促孩子反而会适得其反

如果总是催促孩子"快点准备好""快点吃饭"，不仅不能激发出孩子的潜力，反而会起到相反的结果。父母自主神经失调也会传染给孩子，导致孩子想快也快不起来。

孩子自己也处于焦虑状态

被父母的焦虑传染之后，孩子的自主神经会失调，无法发挥出应有的实力

如果此时被催促"快点"，自主神经会更加紊乱

快点快点！

缓解登台演讲、报告时紧张情绪的诀窍

我们经常会看到比赛中的运动员在发球前或踢球前，都会有一些固定的动作或步骤。这些都是调整自主神经的例行仪式。只有从平时的练习开始，不断重复例行的动作，才不会被压力和杂念所束缚，以平常心进行比赛。对于非运动员的普通人来说，调整心态的例行仪式也很有帮助。面对压力很大的局面，或心情很乱，或是需要恢复平常心的时候，不妨执行自己的例行仪式，来调整自主神经的平衡。

深呼吸是让心情平静下来的有效方法之一，然而在某些情况下，过于暗示自己"要深呼吸"反而引发额外的压力。此时，最好把注意力转移到完全与目前情况无关的事情上。例如，在演讲开始前感到紧张时，可以观察房间里的时钟挂在哪里，研究它的款式或表盘上的数字。

将注意力集中在"看时钟"这个动作上，就能暂时忘掉那些会扰乱自主神经的诱因，心跳和呼吸就会平静下来，自主神经也能随之稳定下来。如果这种习惯性仪式能够起到良好的效果，那么之后就可以将"看时钟"这种行为设定为自己的例行仪式，这样就能沉着应对重要的演示或会议了。如此，建议大家事先设定一套能让自己冷静下来的例行仪式，使自己能够随时应对自主神经失调的状况。

让心情平静下来的例行仪式

如果能有一套"烦躁的时候可以做"的自己特有的例行仪式，那么，在发生意想不到的事情的时候，也不会慌张，能够保持内心的冷静。

建议的仪式

深呼吸

当感到烦躁不安、"自主神经快要失调"时，首先要进行深呼吸。因为这种仪式不需要道具，简便易行。

喝咖啡

咖啡中含有的咖啡因，可以活跃交感神经，驱除睡意、缓解压力。

喝水

在情绪激动的时候，建议大家喝杯水，刺激一下肠胃，提升副交感神经的活性。

向上看

只要挺直腰背向上看，就能加深呼吸。相反，玩手机时低头的姿势会导致呼吸变浅。

每天进行自我暗示

只需每天对自己说"今天要注意某件事"，就能缓解遭遇突发事件时的不安。

应对紧张的方法

张开手掌

心情紧张时，身体也会僵硬。大拇指特别容易用力，所以要试着张开手掌，有意识地进行放松。

观察时钟的款式，数戴眼镜的人数

观察时间的制造商或形状，或者进入会场后看看现场有多少人戴眼镜，这样可以减弱焦虑的心情，呼吸也会变得稳定。

考虑太多接下来的事情，
情绪会变得不稳定

如果有很多事情要做，就很容易产生"焦头烂额"的焦虑。焦虑会引起自主神经的紊乱，给身心造成伤害。为了避免这种情况的发生，我们有必要重新审视有哪些应该做的工作。将注意力集中在"当下"最需要优先解决的事情上，一件一件地完成所有的事情。在切实处理完一件事情之前，不要去想接下来要做的事，这是能够不慌不忙沉着应对处理事务的关键。

具体来说，首先，在记事本或备忘录上写出今天要做的事。如果当天该做的事情有很多，那么，就把这些能够想到的该做事情都列出来，并分别排出优先顺序。这样，就能明确知道现在应该做的是什么事，通过排序来理清思路，工作就能高效率地进行。列出的项目即使是很小的事情也没关系，重要的是按照事先决定的顺序集中精力去做，确保每一件事情都能得到切实的处理。所列清单上的事项逐一解决之后，自信与成就感就会油然而生，自主神经也会随之稳定下来。

顺便说一下，大脑最活跃的时间段是早上。那些需要创意或策划能力的工作，最好优先放在这个时间段进行。下午交感神经的活性开始下降，比较适合做些无须深思熟虑也能完成的重复性工作。

逐个解决所有该做的事情

（例）

给牙医打电话

⬇

寻找店家并选出备选

⬇

准备商谈

……

挑选举办同
窗会的店家

扔掉不需要
的东西

预约牙医

为下次生意商
谈做事前准备

对某某先生
表示祝贺

无论是工作还是私生活，都会有很多要做的事，如果满脑子想的都是这些，很容易导致自主神经失调，建议大家将精力集中在现在该做的事情上，一件一件地处理。

保持头脑清醒，是顺利解决事情的关键

把重要的事情放在早上完成

大脑最活跃的时间段是早晨。那些需要深入思考，或者需要创意的事情在早上去做，便能够比较专注地完成。相反，那些不需要太动脑的事情，最好放在下午去做。

列出清单，确定优先顺序

1 给某某先生回邮件 OK !

2 制作新合同的策划书 OK !

3 给某某店打预约电话
03-1234-○○○○

4 核算经费

5 向领导汇报工作进度

有太多要做的事情时，可先把能想到的事情都写在笔记上。只需在上面加上编号就能理清思路和头绪，事情也能做得比较顺利。完成后就将这件事从记事本上抹去，这样会产生成就感。

叹气也无妨！

虽然"总是唉声叹气的话，容易倒霉运"这句话给人的印象是消极负面的。但从自主神经的角度来看，叹气对身体有很多好处。

在我们有心事、烦恼，或者是在埋头苦干的时候，我们会不由得发出叹息。这时候的身体通常是紧绷而僵硬的，呼吸也很急促，血管收缩，自主神经变得不稳定。这时候如果能缓慢悠长地发出"呼——"的叹气，可令短促的呼吸变得深长。一度凝滞的血流会畅通起来，氧气的供给量也会增加，副交感神经同时也会活跃起来。也就是说，叹气是一种很好的自我净化，可以使自己的身心得到恢复的方式。相反，如果强迫自己忍住叹息，血液循环就会越来越差，头痛、肩膀僵硬酸痛等身体不适的症状都有可能会出现。

今后，如果因为工作或家事等而想叹息时，就抓住这个能让身体复位、重新唤起幸福的机会，尽情地长舒一口气吧。由此可见，若要调整自主神经，深度呼吸是必不可少的。感觉到自主神经快要紊乱时，建议大家尝试进行"冥想"，将意识集中在周而复始的呼吸上。找个安静的地方闭上眼睛，伸直背部肌肉，实践第2章中介绍的"1∶2呼吸法"。渐渐地，杂念会消失，混乱的内心也会随之恢复平静。

在快到时间才起床、手忙脚乱的早晨，会使副交感神经的活性急剧下降，人一整天都会处于兴奋和紧张的状态。可以说，光这一点就毁了一天。我们要比平时早起 30 分钟，来扭转一天的节奏。

呼吸停止

⬇

自主神经失调

⬇

血流不畅

如果想叹息却忍着，身体会一直处于缺氧的状态。这样一来，手脚的细胞、大脑、内脏等器官就无法得到充足的氧气，血流会变得越来越差，全身的效能也会跟着下降。

忍住叹息在医学上是错误的！

⬇

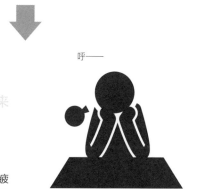

长叹一口气

⬇

瘀滞的血液流动会顺畅起来

⬇

副交感神经的活性增强

缓慢悠长地呼气，会使因压力或疲劳而凝滞的血流变得顺畅，有助于提升副交感神经的活性，从而使身心得到恢复。

呼——

享受缓慢悠长的叹息

聆听会让大脑感到愉快的音乐

音乐的 "快感" 力量能够调整自主神经

音乐也有调整自主神经的效果。人类的大脑内置了从音乐中获取 "快感" 的程序。无论是气势磅礴的乐曲带来的震撼，还是听到轻快节奏后，情不自禁地随之舞动，都证明了我们追求音乐带来的快感是一种本能。

愉快舒适的音乐对自主神经的调节也大有裨益。优质的音乐可以舒缓身心的紧张，提升副交感神经的活性。

那么，什么样的音乐能够帮助我们调整自主神经呢？

首先是节奏保持固定的音乐。节奏的快慢无所谓，关键是要保持一定，这样的音乐才能保持自主神经的稳定。例如，能产生 α 波的治愈系音乐，虽然有让人心情平静下来的作用，但是不能期待它有调节自主神经的效果。若想消除一天的疲劳，听一些节奏有规律的音乐，可令自主神经保持平衡，身心都会变得爽快起来。另外，除了节奏以外，音阶变化不那么剧烈的音乐，具有更好的稳定自主神经的效果。

建议听长度在 4～5 分钟，无须专心去听便能轻松听得懂的音乐。而且最重要的是，听自己喜欢且能够获得 "放松" 的音乐。因为这种音乐是调节自主神经的特效药。

大脑本能地从音乐感受"快感"

若要平复烦躁的情绪，建议大家去听音乐。掌管自主神经的"下丘脑"在受到外部的刺激之后会变得活跃，在这些来自外部的刺激中，音乐具有调节自主神经功能的效果。而且，人的大脑本能地会对音乐产生"快感"，所以听音乐能够调节自主神经，让我们的心情变得乐观积极。

提高副交感神经活性的音乐

优质音乐的要点

节奏固定

音阶变化较小

长度4~5分钟（能自然听完的长度）

 快节奏的乐曲

 疗愈身心的治愈系音乐

 自己喜欢的摇滚乐

快节奏的乐曲虽然能振奋精神，但如果逼着自己听这种音乐，反而会扰乱自主神经。若要消除一天的疲劳，比起治愈系的音乐，节奏固定的摇滚乐更能起到稳定自主神经的作用。

随时面带微笑，内心会平静安详

人一旦遭遇痛苦或悲伤的意外，就会失去笑容。如果因此就一直闷闷不乐，自主神经的平衡就会越来越差，身心都会受到侵蚀。但是，越是痛苦、难受的时候，越要让自己保持微笑。因为笑容可以让紊乱的自主神经恢复正常，是使我们重新充满活力的契机。话虽如此，这笑容也不一定非得是发自内心的。即使是假笑也无妨，大家可以试着去练习如何保持笑容。嘴角上扬可以缓解脸部肌肉的紧张，改善血液循环与神经的传导，调整自主神经的平衡。换句话说，笑容具有自然放松身心的效果。

另外，最近的研究表明，"笑"有助于提高免疫力。在我们体内，免疫系统的主角是一种名为自然杀伤细胞（NK 细胞）的淋巴细胞。NK 细胞负责破坏病毒、细菌等病原体以及体内产生的癌细胞。某项实验发现，笑会激活 NK 细胞。该实验请癌症患者观赏相声，在他们开怀大笑之后调查 NK 细胞数量的变化，发现笑过之后，NK 细胞的数量大幅增加。为了保护身心健康，无论什么时候都不要忘记微笑与幽默。

笑口常开的好处

微笑能调整自主神经的平衡，促进身心健康。大脑也能因此而活跃起来，有助于预防痴呆。而且，还能促进自然杀伤（NK）细胞的数量增加，提高免疫力与预防癌症，所以才会有"笑一笑，十年少"的说法。

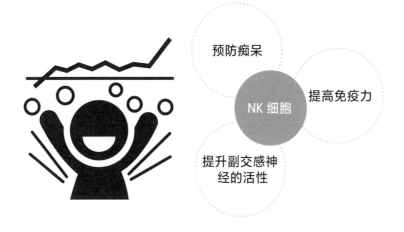

预防痴呆

NK 细胞

提高免疫力

提升副交感神经的活性

要经常面带笑容

假笑
（嘴角上扬）

↓

面部肌肉放松下来后，身心得以放松

↓

副交感神经的活性增强，
自主神经的平衡得到调整

有数据显示，故意嘴角上扬做出笑容，能提高副交感神经的活性。即便不是发自内心地笑，只要嘴角轻轻上扬也能达到同样的效果。相反，生气、烦躁会使自主神经发生紊乱，血管也会因此受伤，加速衰老。

一天整理一个地方，
让心灵变得宁静

∴ 凌乱的房间会给人带来压力

压力不只是来自工作或人际关系的纠葛。乱七八糟的房间，脏乱差的厨房与浴室等，恶劣的生活环境也会给人造成压力，使自主神经变得紊乱。若要保持良好的身心状态，维护身边环境的整洁，营造舒适的生活环境也是很重要的。

而且，"收拾整理"这一行为本身也具有调节自主神经的效果。想必大家应该都有过这样的体验吧！看着乱七八糟的东西被整理好，或者脏兮兮的东西变得锃亮，心情也会变得豁然开朗。希望大家每天都能巧妙灵活地进行整理或打扫，将它们作为开启调理自主神经的开关。

但是，再怎么想收拾整理，也不能到处毫无章法地下手，这样往往会适得其反。交感神经会因此而过度活跃，反而会造成自主神经失调。建议大家一天只收拾整理一个地方，例如，一层抽屉、一排柜子等，尽量细分好，不要逼着自己一下都收拾完。时间控制在 30 分钟以内。如果再延长时间的话，注意力就会被分散，接下来就会因为怎么也收拾不完而烦躁起来。这样一来，好不容易稳定下来的自主神经可能会再次紊乱起来。只需遵守"一天一处，不超过 30 分钟"的原则，以放松的心情去做就可以了。

整理能保持自主神经的稳定

把不需要的东西处理掉，让环境变得整洁，心情就会平静下来，也不会迷茫。而且，收拾整理这一行为本身也有提高副交感神经活性与放松心情的效果。

不迷茫

放松

不要　要

理想的收拾整理方法

整理衣橱

建议从收拾整理每天早上使用的衣柜开始。只需将必要的东西整理得井井有条，早上的准备工作就会变得轻松，身心也会变得更加充实。

30 分钟之内

"注意力下降时""工作结束时"，在这样的时候进行打扫，效果会更好。相反，在忙乱的时候打扫，会扰乱自主神经。

一天一处

如果硬要把所有的东西一次都收拾完，会导致自主神经紊乱。重点是每次只收拾"抽屉的最下面"或"书架的某一排"等固定位置，一点一点地收拾整理。

感觉呼吸过度时的
应对方法

通过拍打让心情平静下来

如果感觉呼吸困难或者觉得快要呼吸过度时，可以用食指、中指与无名指的 3 个指尖，按一定的节奏轻拍手背或脸颊。

手背

脸

啪 啪 啪

想要缓解疲劳的
时候也可以试试

啪 啪 啪

不太建议使用大家熟知
的纸袋法（把纸袋罩在
嘴上呼吸的方法）。

＼ **这个时候也推荐！** ／

身体紧绷或想要缓解疲劳时

每天 1 次，
每次 1 分钟左右

如果觉得疲劳累积，推荐利用上面介绍的轻拍法来刺激大脑。这种方法能活跃副交感神经并促进血液循环，对肩膀僵硬酸胀痛或头痛的人也很有效果。

第5章

调节自主神经的
运动

运动有助于调节自主神经

要调节自主神经，运动是必不可少的。长时间伏案工作，血液循环当然会变差。对自主神经来说，血流恶化是大敌！如果血液循环凝滞不畅，营养无法输送到各个细胞，身体就会出现各种不适症状，进而破坏自主神经的平衡。

运动能切断这种恶性循环。例如，利用伏案工作的间隙做 20 次深蹲。仅此一项就能有效改善血液循环，自主神经自然而然地就会得到调整。另外，也建议在早晚做伸展体操。刚睡醒的时候身体是蜷缩着的，并没有完全舒展，所以可简单地做 3 ~ 5 分钟的伸展运动。睡觉前也可以同样为之。利用伸展运动来放松身体，可以消除疲劳与酸痛。没必要特意去健身房，只要能有意识地每天活动身体就可以了，比如在家就能做的深蹲或伸展体操。

除此之外，只要稍微改变一下日常生活习惯，就能有效促进血液循环。例如，不使用自动扶梯或电梯，走楼梯上下楼。或是走路时要挺胸抬头，保持理想的姿势。仅是如此简单的做法，就能充分改善血液循环。另外，如果血液循环通畅，就能消除肩膀僵硬酸胀、头痛、手脚冰凉、水肿等症状，也能提高基础代谢与内脏功能等，有助于改善所有的身体不适症状。这种适度的运动能让人心情舒畅，对精神方面的健康也有很大的效果。

养成日常运动的习惯

日常生活中，最简单易行的运动就是上下楼梯。尽量不使用自动扶梯和电梯而走楼梯，仅仅如此就算是一种锻炼了。

不建议　还不来呀　不建议　建议

以理想的姿势走路能调节自主神经

不良示例　理想

保持头部中心点
对着天空

肩膀放松

伸直脖子

挺直腰板

想象着脚从肚脐开始向
前伸出似的向前踢出

有节奏地慢慢走

错误的姿势会导致
呼吸变浅与自主神经失调

把公文包换成拉杆箱，
即可保持良好的姿势！

良好的姿势可让呼
吸道畅通，呼吸会
变深，自主神经更
容易保持平衡

高强度运动会对自主神经造成不良影响

⠿ 轻度运动反而更有效果

虽然运动有助于保持自主神经的稳定，但并不是所有的运动都适合。一般情况下，运动时，人的呼吸变快变浅，交感神经也会因此而变得高度兴奋，随之而来的是副交感神经的活性骤然下降。也就是说，会破坏自主神经的平衡。举个极端的例子，一流短跑运动员几乎是在屏住呼吸的状态下跑完 100 米的。这样一来，血液循环就会变差，血液和氧气无法输送到全身，产生催化身体老化的活性氧，反而会给身体带来不良的影响。那么，什么样的运动才适当呢？答案是散步之类的轻松运动。近年来，随着养生热潮的兴起，有很多中老年人开始每天跑步健身，但跑步是运动量过大的运动，会让呼吸变得急促，副交感神经的活性必然也会下降。过了 30 岁，副交感神经的功能原本就会变差，若再进行跑步这样的运动，只会使副交感神经的活性越来越差，所以，跑步是需要谨慎对待的运动方法。

在这一点上，散步就不会给身体造成负担，可以慢慢深呼吸，所以是最适合调整自主神经的运动。能够在保持副交感神经高度兴奋的同时促进血液流动。能够温热身体、促进血液循环的轻微运动是自主神经所需要的。高强度的运动虽然能有效提高肌肉力量和运动能力，但对自主神经并没有好处。散步或下文将介绍的下蹲、伸展体操等是每个人都能做到的轻松运动，建议大家尝试一下。

"一鼓作气快出成果"的想法本身就很有可能导致自主神经失调

如果自主神经的平衡被打乱，视野就可能会变得狭窄。这样一来，在开始运动的时候，你很容易会意气风发地为了"要马上看到结果，所以要跑1小时！"但是，突然进行的剧烈运动本身就是对身体的负担。所以，明智的做法是，先让自己冷静下来，先从散步等轻度运动开始。

来！奔跑吧！　　　要加油！　　　逼迫自己的结果……

若要稳定自主神经，散步比跑步更适合

如果运动目的不是提高运动能力或强化肌肉力量，那么，最好是通过伸展体操或散步等运动来调节自主神经。另外，为了改善因年龄增长而导致的肌肉力量下降与血液循环恶化等问题，想要进行效果更高的运动时，建议进行稍后介绍的深蹲运动。

跑步之类的运动

激烈运动

会让呼吸变得急促的运动，不仅会使交感神经异常活跃，还会使副交感神经的活性下降。另外，还会产生大量的活性氧，有加速老化的风险。由此可见，调整自主神经并不需要高强度的运动。

伸展体操或散步等运动

轻度运动

能够让呼吸变得又缓又深的运动，能使自主神经保持稳定，还不会给身体带来负担。

建议

建议

让自己睡得更香！
神奇的一分钟伸展体操

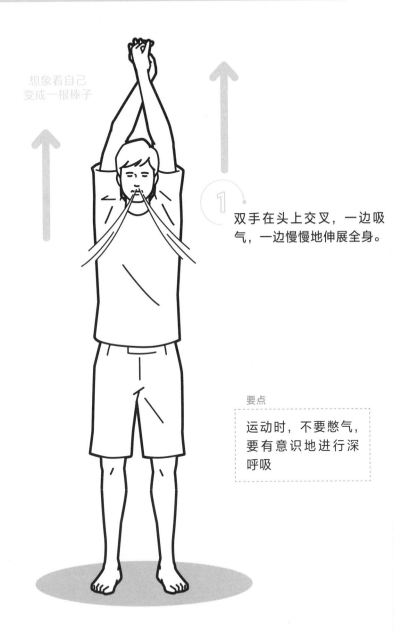

想象着自己变成一根棒子

1 双手在头上交叉，一边吸气，一边慢慢地伸展全身。

要点

运动时，不要憋气，要有意识地进行深呼吸

2 一边吐气，一边用4秒钟
向右缓缓倾身体

充分伸展
腰部

3 回到第1步的动作，一
边慢慢吸气，一边用4
秒的时间使身体向左
倾倒

以步骤1~3为1组，
用时1分钟

调整自主神经的小林式深蹲

⠿ 深蹲要用正确的姿势

反复下蹲的深蹲是一项简单的运动。这种深蹲动作能有效调节自主神经的平衡。深蹲原本是锻炼腰腿肌肉、使下半身变得更紧实的运动，但同时还具有增强下半身的泵血功能，使血液顺畅地流往全身的作用。也就是说，会瞬间促进血液循环。此外，由于同时进行的又缓又深的呼吸，还可以提升副交感神经的活性。深蹲虽然是项很简单的运动，但需要注意以下几个要点。

1. 每天早上与晚上进行
2. 一边深呼吸一边进行，蹲下与站起各保持 4 秒
3. 感觉疼痛就立即停止

另外，一定要以正确的姿势进行深蹲，这一点也非常重要。如果姿势错误不仅得不到充分的效果，还会对腰腿造成负担，也有可能因此而受伤或带来疼痛。最需要注意的一点是，要始终保持上半身的直立。因为身体前倾会压迫肺部，导致无法进行深呼吸。保持正确的姿势，下腰时用嘴吐气，站起时用鼻子吸气，可进一步提升效果。另外还需注意的是，膝盖只需弯曲到不会觉得不适的程度即可，尽可能不要超过 90°。否则可能会造成膝关节伤痛。另外还要注意，蹲下时膝盖不能超过脚尖。

"深蹲"是适合调节自主神经的最佳运动

深蹲是重复蹲起的运动。这个反复的动作，可让集中了全身六成肌肉的下半身的泵血功能更加活跃，使血液就能顺畅地输送到全身。这项运动的要点在于，一边深呼，一边以正确的姿势去做。

正确的姿势

持续深呼吸

膝盖不要超过脚尖

挺直腰背

重心放在屁股

脚跟踩稳

错误的姿势

身体前倾会压迫肺部而无法完全吐气

屏住呼吸

呼吸太浅屏住呼吸

重心靠前

两脚站得太近

重心靠前

膝盖弯曲超过 90°，会造成膝盖疼痛

脚跟离地

"深蹲"不仅仅是稳定自主神经，还有很多好处

以正确的姿势深蹲，可用到全身的肌肉，能够有效地锻炼全身的肌肉。

咬紧牙关

预防痴呆

腰大肌得到锻炼

预防腰痛或闪腰

增加肌肉量

变得年轻
提升基础代谢，打造易瘦体质

促进血液循环

改善肩膀僵硬、脖子酸痛
改善手脚冰凉的症状
降低患脑梗或糖尿病的风险
改善头痛

促进肠道蠕动

改善便秘

只需这项运动就 OK！
全身深蹲

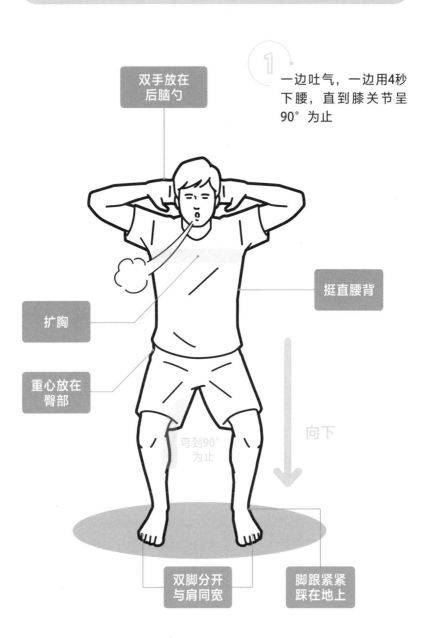

双手放在后脑勺

① 一边吐气，一边用4秒下腰，直到膝关节呈90°为止

挺直腰背

扩胸

重心放在臀部

弯到90°为止

向下

双脚分开与肩同宽

脚跟紧紧踩在地上

② 一边吸气，一边用4秒伸
直膝关节

要点

运动时要有意进行
深呼吸，不要憋气

向上

步骤1～2为1次。
早晚各进行20次

在前面的章节中，我们讲了很多自主神经失调所带来的负面影响，可能会让大家觉得有些唐突，但请务必认识到，"自主神经本来是会失调的"。

另外，强迫自己排除所有可能会导致自主神经失调的因素，这也会让人感到压力，同时也是造成自主神经失调的重要原因。

重点不是要竭力避免自主神经失调，而是在出现失调的时候，能有使自主神经恢复稳定的办法。

即使有些失调，只要不是非常严重，并且没有持续太久，是不会对身体造成太大的负担的。

锻炼身心也能强化自主神经。

本书中介绍了许多调节自主神经失调的小窍门，例如，"早上喝一杯水""给自己留一个心无杂念的时间""保持嘴角上扬，假笑也无妨"等等，另外，还介绍了 3 分钟左右就能完成的深蹲和伸展体操。在这些短时间内即可立即做到的事情中，建议大家至少将其中的一项纳入我们的生活当中，让它成为一种习惯，这样更容易坚持下去。

如果能将这样的习惯坚持下去，要说你已经掌控了自主神经的主导权也毫不为过！

顺天堂大学医学部教授　小林弘幸

译者介绍

张军

副教授，1994 年毕业于辽宁师范大学日语语言文学专业。毕业至今一直从事日语教育教学工作。现任沈阳工业大学外国语学院日语系主任。曾翻译过《日本酒店业服务技能培训教材》等 30 余部作品。

韩帅

博士，中国医科大学附属盛京医院神经外科睿米机器人手术负责人，中国医师协会周围神经专业委员会委员，中国立体定向神经外科联盟委员，立体定向和功能神经外科杂志审稿专家，哈尔滨医科大学附属第四医院特聘教授。

参考书目

《调节自主神经的最佳饮食方法》（宝岛社）

《调节自主神经的习惯、运动、心理》（池田书店）

《慢慢来人生就会不一样》（PHP 研究所）

《想要活到老走到老只要深蹲就可以》（幻冬舍）

版权所有 · 翻印必究

图书在版编目（CIP）数据

自愈力：告别失眠、焦虑、身体不适 /（日）小林弘幸主编；
张军，韩帅主译 . —沈阳：辽宁科学技术出版社，2024.7

ISBN 978-7-5591-3386-1

Ⅰ . ①自…　Ⅱ . ①小…　②张…　③韩…　Ⅲ . ①神经系
统—图解　Ⅳ . ① Q423-64

中国国家版本馆 CIP 数据核字（2024）第 023000 号

出版发行：辽宁科学技术出版社
　　　　　（地址：沈阳市和平区十一纬路 25 号　邮编：110003）
印 刷 者：沈阳丰泽彩色包装印刷有限公司
经 销 者：各地新华书店
幅面尺寸：145mm×210mm
印　　张：4
字　　数：250 千字
出版时间：2024 年 7 月第 1 版
印刷时间：2024 年 7 月第 1 次印刷
责任编辑：朴海玉　吴兰兰
版式设计：袁　舒
封面设计：周　洁
责任校对：栗　勇

书　　号：ISBN 978-7-5591-3386-1
定　　价：58.00 元

联系电话：024-23284367
邮购热线：024-23284502